贵州省地勘基金项目"贵州省岩溶地下水系统功能可持续利用性研究"
  （黔国土资地环函〔2014〕23号）
贵州省地矿局"碳酸盐岩区不同回填料对地埋管地源热泵换热器能效的影响研究"
  （黔地矿科合〔2015〕10号）
国家科技支撑计划项目"喀斯特山区地下水资源保障与利用技术及示范"
  （2014BAB03B03）

贵州省岩溶地下水资源功能

宋小庆　郑明英　等　著

U0262944

科学出版社

北　京

内 容 简 介

本书通过全面系统搜集贵州省岩溶区水文地质、环境地质及地热地质等最新研究成果，综合分析影响岩溶地下水赋存和运移的大地构造、地形地貌、含水介质类型特征等因素，系统划分贵州省岩溶地下水系统。在此基础之上，采用最新的地下水监测数据，计算并评价贵州省岩溶地下水的资源量和质量。首次建立贵州岩溶区地下水浅层地热能适宜性评价模型，并系统评价贵州省主要城市的浅层地热能（地下水）资源量和开发利用潜力。

本书是关于贵州省岩溶水文地质的科学性专著，可以为从事岩溶地区水文地质工作的人员参考使用；也可以为涉及生态环境、地下水环境污染、地下水开发利用等相关科研院所、规划设计机构参考使用。

图书在版编目(CIP)数据

贵州省岩溶地下水资源功能 / 宋小庆，郑明英等著. —北京：科学出版社，2019.7
ISBN 978-7-03-062041-5

Ⅰ.①贵⋯　Ⅱ.①宋⋯　②郑⋯　Ⅲ.岩溶水–地下水资源–研究–贵州
Ⅳ.①P641.134

中国版本图书馆 CIP 数据核字（2019）第 161130 号

责任编辑：张　展　孟　锐 / 责任校对：彭　映
责任印制：罗　科 / 封面设计：墨创文化

科 学 出 版 社 出版
北京东黄城根北街16号
邮政编码：100717
http://www.sciencep.com
成都锦瑞印刷有限责任公司印刷
科学出版社发行　各地新华书店经销
*
2019 年 7 月第 一 版　　开本：787×1092 1/16
2019 年 7 月第一次印刷　　印张：9 1/2
字数：220 000
定价：85.00 元
（如有印装质量问题，我社负责调换）

本书编写人员

宋小庆　郑明英　曹振东　孟凡涛　屈秋楠

彭　钦　张　琳　曾武林　陈　进

前　言

　　贵州省位于世界三大岩溶集中分布区之一的东亚片区中心，碳酸盐岩分布面积达 12.96 万 km^2，占全省总面积的 71.7%，在全省 88 个行政区中，有 78 个属于"岩溶县"，是典型的生态脆弱区。水资源是该地区自然生态平衡、经济发展、贫困消除的决定性因素。据统计，截至 2016 年，贵州省的人均供水能力仅为全国的 70%，在全省现有的 2600 余万亩(1 亩＝666.67m^2)耕地中，每年有近半数的耕地有不同程度的干旱危险，而发生旱灾和饮水困难问题也主要集中在岩溶地区。岩溶地区的干旱和农村饮水安全问题已成为制约贵州山区经济和社会发展的重要瓶颈。

　　相比对水资源的需求，贵州省岩溶地下水系统的研究是比较滞后的，而研究地下水系统是开发、利用以及保护地下水资源的关键。迄今为止，贵州地下水系统供水功能研究主要以地下水资源量的相关研究为主，较系统的地下水资源量研究主要为 30 年前完成的全省 1∶200000 水文地质普查。尽管后期也开展了一些针对全省地下水资源的专题研究，但是由于受实际工作量投入影响，各项研究的基础仍然主要依赖较老的水文地质普查成果，精度较低。本书在前人研究的基础上，利用最新数据和成果，系统分析研究了贵州岩溶区地下水的赋存特征和系统划分，在此基础上计算并评价了岩溶地下水的资源量和质量，为解决贵州地下水供水提供了科学依据和资源保障。

　　作为全国生态文明示范区之一，浅层地热能已成为贵州省节能减排、生态保护的重要手段。然而，贵州浅层地热能的开发利用与研究严重脱节，资源量不清、开发利用关键技术缺乏等瓶颈严重限制了浅层地热能的推广应用。本书一定程度上扭转了地下水只有供水意义的观念，基本查清了贵州省主要城市的浅层地热能(地下水)资源赋存状况及适宜性区域，并对浅层地热能(地下水)的资源量和开发利用潜力进行了计算和评价。

　　本书共分为 6 章。第 1 章、第 3 章、第 4 章由宋小庆、郑明英、屈秋楠、曾武林、彭钦完成；第 2 章、第 5 章由郑明英、陈进、张琳完成；第 6 章由曹振东、孟凡涛完成。宋小庆、郑明英负责完成全书的统稿、修改工作，最终由宋小庆修改定稿。

　　本书的撰写过程得到了贵州省地质矿产勘查开发局副总工程师王明章研究员，贵州大学吴攀教授、韩志伟副教授，中国地质大学(武汉)马传明副教授，贵州省山地资源研究所杨振华博士以及贵州省地质矿产勘查开发局 111 地质大队王伟总工程师和段启杉副总工程师的指导和支持。在此一并致谢！

　　研究过程得到了贵州省地勘基金项目(黔国土资地环函〔2014〕23 号)、贵州省地矿局地质科研项目(黔地矿科合〔2015〕10 号)等研究项目的资助；本书出版得到了国家科技支撑计划项目(2014BAB03B03)的资助。

目　　录

第1章 绪 论

1.1 贵州岩溶分布及岩溶地下水

贵州省位于世界三大喀斯特集中分布区之一的东亚片区中心,处在云贵高原向桂中平原、湖南丘陵、四川盆地等过渡的斜坡地带,碳酸盐岩分布面积达 12.96 万 km^2(含裸露型和覆盖型碳酸盐岩),占全省总面积的 71.7%,比号称"喀斯特王国"的南斯拉夫高出近 2 倍,是世界上喀斯特面积最集中、最典型、最复杂,地下水类型最丰富的一个区域。在贵州省的 88 个行政区中,有 78 个属于"喀斯特县",是典型的生态脆弱区。喀斯特的广泛发育,导致区内地貌及水文地质复杂,"二元三维结构"突出,地下裂缝、洞穴发育,三水(大气降水、地表水、地下水)转化频且快,地表水极易渗漏,缺水严重,干旱灾害频发。

此外,贵州省处在中国裸露和覆盖型岩溶区的中心,碳酸盐岩大面积连片分布,是典型的热带、亚热带裸露和覆盖型岩溶类型区,在整个西南岩溶石山区乃至国内是最具代表性的岩溶分布区域,研究和示范意义重大。

贵州省属亚热带季风气候,年降水量为 1100～1300mm。按国家水资源评价指标,贵州喀斯特地区水资源总量大,人均、亩均占有的水资源均在全国前列。据统计,贵州省多年平均水资源总量为 1068 亿 m^3,按全省现有人口和耕地资源计算,人均占有水资源量为 2800m^3,为全国平均数的 1.26 倍;亩均水资源占有量为 3734m^3,为全国平均数的 1.98 倍。如果按照可利用水量计算,贵州省人均、亩均的占有量均远低于全国平均水平,人均可利用量为 234m^3,为全国平均水平的 53.8%;耕地亩均可利用量为 113m^3,为全国平均水平的 42.0%。

目前,贵州省尚有 1000 余万人的饮水安全问题未得到根本解决,50%以上的城镇存在饮水困难问题,在全省现有的 2600 余万亩耕地中,每年有近半数的耕地有不同程度的干旱灾害风险,而发生旱灾和饮水困难问题主要集中在喀斯特地区。喀斯特地区的干旱和农村饮水安全问题,已经成为制约贵州山区经济和社会发展的重要瓶颈。

相比于对水资源的需求,贵州省岩溶地下水系统的研究比较滞后,迄今为止,贵州省地下水系统供水功能研究主要以地下水资源量的相关研究为主,较系统的地下水资源量研究主要为 30 多年前完成的全省 1:200000 水文地质普查,尽管后期也开展了一些针对全省地下水资源的专题研究,注重与水利部门的地表水文观测成果相结合,基本上实现了在总水资源量上协调统一。但是,由于受实际工作量的投入影响,各项研究的基础仍然主要依赖于 1:200000 水文地质普查成果,而 1:200000 水文地质普查工作的精度低,工作的重点也仅仅是初步查明区域水文地质条件,未能取得全省在特枯年份下的地下水统测资料,区域性的地下水补给量仅为概略估算。特别是 1:200000 水文地质普查结束已经 30 余年,期间强烈的人为工程活动使得部分地区环境水文地质条件发生了较大的改变。

1.2　岩溶地下水资源功能研究的思路、原理和方法

1.2.1　研究思路

　　根据贵州省大地构造、地形地貌、含水介质类型特征对贵州省水文地质条件进行重新分区，归纳总结贵州省岩溶地下水系统的类型，不同类型岩溶地下水系统的含水介质类型、结构，以及地下水的赋存和运移特征，系统地将贵州省岩溶地下水划分为地下河系统、岩溶大泉系统和分散排泄系统。在此基础上，采用近十年来最近的地下水监测和地下水化学数据，较为精准地计算了贵州省岩溶地下水的资源量并评价了地下水质量。此外，本章还对贵州省岩溶地下水资源的认识做出一次"革命性"的变革，将对地下水资源的认识从传统的"水资源"拓展到"能源型资源"，并提出贵州省以地下水为载体的"浅层地热能"资源量。

1.2.2　研究原理和方法

　　(1)岩溶地下水系统研究。采用室外调研和室内水文地质分析相结合的方法进行研究，总结不同类型岩溶含水层的含水介质及其组合类型，结合地形地貌、水文网及地质构造对岩溶地下水系统类型进行划分，并在此基础上深入研究岩溶地下水系统的结构、地下水赋存和运移规律。

　　(2)岩溶地下水资源量评价。目前，国内外均无系统、精确评价岩溶地下水资源量的计算方法，本次研究筛选了贵州省十余年来开展实施的地调类项目和 2012 年贵州省枯季测流资料，采用降水入渗系数法和枯季径流模数法对贵州省岩溶区地下水的资源量进行计算。

　　(3)岩溶地下水供热功能研究。地下水系统供热功能主要体现在浅层地热能的利用，本章将贵州省岩溶地下水资源的认识水平提升到一个新的高度，在收集资料、采集测试岩土体热物性参数、地热能工程长期观测等工作的基础上，对贵州省主要城市区域的地下水浅层地热能赋存条件进行了系统研究，并对区内地下水浅层地热能的适宜性进行了分区，最终对地热能资源量和开发利用潜力进行了评价。

1.3　岩溶地下水资源功能研究进展

　　中国地质调查局的《地下水功能评价与区划技术要求》中注释，地下水功能是指地下水的质和量及其在空间和时间上的变化对人类社会和环境所产生的作用或效应，主要包括地下水的资源供给功能、生态环境维持功能和地质环境稳定功能。其中，地下水资源功能是指具备一定的补给、储存和更新条件的地下水资源供给保障作用或效应，具有相对独立、稳定的补给源和地下水资源供给保障功能。

1.3.1　岩溶地下水系统研究

20 世纪 70 年代，受系统论与系统工程等学说思想影响，欧洲国家建立了一套考察水文地质实际问题的定性分析方法，并确立了以流网为研究基础的地下水定量研究模型，由此地下水系统理论的雏形逐渐形成。20 世纪 80 年代初，国际水文地质界提出了地下水系统的概念，即从系统分类方法分析，把地下水圈看作是一个处于等级从属关系的许多单元组成的复杂的动力系统，以及在时间和空间分布上具有四维性质的能量不断新陈代谢的有机体。

对于地下水系统的定义，到目前为止尚未取得统一认识，在岩溶地下水系统方面，袁道先(1993)指出，岩溶水系统是一个有确定边界，以岩溶空隙系统为含水空间，具有赋存、传输岩溶水物质、能量、信息功能的有机整体。

韩行瑞(2015)认为，岩溶水系统是岩溶系统中最活跃、最积极的地下水系统。其有相对固定的边界、汇流范围及蓄积空间，具有独立的补给、径流、蓄积、排泄途径和统一的水力联系，构成相对独立的水文地质单元。韩行瑞还对岩溶含水介质特征、地下水的形成条件、地下水运行规律、水化学场及水质、地下水动态、地下水与环境的相关关系以及岩溶地下水资源的开发利用进行了系统研究，并将岩溶水系统分为岩溶裂隙泉、岩溶管道泉和地下河系统三大类。其中，岩溶裂隙泉是以岩溶裂隙为主的岩溶含水层集中出露的泉点，天然状态下地下水流呈层流状态；岩溶管道泉是以岩溶裂隙-岩溶管道为主的岩溶含水层集中出露的泉点，丰水期地下水一般呈紊流状态，但在枯水期间，地下水也可能为层流状态；地下河系统是由地下河干流和支流组成的具有统一边界条件和汇水范围的岩溶地下水系统，地下水具有紊流运动的特征。

王明章等(2015)认为，岩溶地下水系统是指具有完整的补给、径流、排泄体系的独立岩溶水文地质单元，其通过对贵州省岩溶地区地下水的研究，从地下水的赋存条件、水动力条件以及排泄方式等方面，将贵州省的岩溶地下水划分为表层岩溶系统、集中排泄系统和分散排泄系统三大类。

从前人的研究可看出，不同学者对岩溶地下水系统的定义和分类有所不同，没有统一的内容和模式。地下水系统的复杂性和划分标准的不统一性，导致了国内外地下水工作者对地下水系统的划分出现"百花齐放"的景象。2014 年，中国地质调查局为"全国地下水资源及其环境问题调查评价"项目专门制定了《地下水系统划分导则》(以下简称《导则》)，《导则》中定义地下水系统是"具有水量、水质和能量输入、运移和输出的地下水基本单元及其组合。是指在时空分布上具有共同地下水循环规律的一个独立单位。它可以包括若干次一级的亚系统或更低的单位。"《导则》中依据地形、地貌条件，将我国划分为 9 个地下水系统分区；在此基础之上，根据地貌、构造以及一、二级地表水系控制，划分出 23 个一级地下水系统，并细化为 55 个二级地下水系统。二级地下水系统是在一级地下水系统边界的基础上，重点考虑了一级地下水系统内部的地表水分水岭、地下水分水岭以及岩相古地理界线。《导则》中还明确了三级地下水系统的划分主要遵循含水介质的特征和岩相古地理特征，且具有独立的含水层体系，相对完整的补、径、排体系，以及统一的渗流场和化学场的原则。在三级地下水系统的基础上，根据不同的调查、研究目的(如水资源评价、合理开发利用研究、地下水功能评价等），依据地下水系统的边界类型，将三级地下水系统进一步划分成若干相对独立又相互联系的四级地下水系统。《导则》系统、全面地制定了地下水系统划分的原则，为系统划分提供了统一的参照依据。

1.3.2　岩溶地下水资源评价研究

地下水资源评价，是对地下水资源质量、数量的时空分布特征和开发利用条件做出科学、全面地分析和估计。我国的地下水资源评价始于 20 世纪 70 年代，到 20 世纪 80 年代末期，已基本完成了全国范围内的地下水资源评价工作。1984 年和 1996 年先后完成了两次全国性的水质评价，并出版了《中国水资源质量评价》。1999 年，水利部水资源水文司主编并发布了《水资源评价导则(SL/T238-1999)》，明确了地下水资源评价的内容，这在一定程度上指导了全国地下水资源的评价。

在我国大部分地区，地下水都是基于传统孔隙水层流运动定律(即达西定律)来评价的，但对于含水介质和水流状态较为复杂的岩溶水，达西定律已不能完全适用于定量研究。对于系统计算岩溶地下水资源量的研究，较常利用的方法有水量均衡法、水文学方法、开采试验法、解析法以及数值法等，但各种评价方法在定量评价岩溶地下水时均具有一定的局限性，不能完全反映岩溶流域水资源形成的完整过程，更不能全面反映出岩溶地下水形成的各个要素间的作用。

针对岩溶地下水资源量的评价，陈文俊等(1989)采用回归分析法、水文地质相关比拟法、径流模数法以及水均衡法等方法对广西最大的岩溶地下河系——地苏地下河进行地下水资源量的对比计算，并用计算机进行了回归方程优选。结果显示，四种方法计算出来的水资源量较为接近，特别是回归分析和水均衡法相结合的方法，在具有长期观测资料的基础上，其计算结果的可靠性较高。

徐际鑫等(1991)采用水文分割法评价了贵州岩溶大泉和地下河的天然资源量。通过将不同年份、不同时间分散的泉及地下河流量放大同步，从长系列降水资料中去认识，按降水量频率统一进行换算，进而评价岩溶大泉和地下河的天然排泄量。

黄敬熙等(1992)以贵州省凯里市白云岩地区为研究对象，建立了地下水系统的水文地质概念模型、地下水渗流运动数学模型以及地下水资源水力优化管理模型，并评价了地下水的天然资源量和可开采量。

王明章等(2015)在贵州省三级地表水流域的基础上，进一步划分出 47 个岩溶流域计算单元，然后采用大气降水入渗系数法分别计算了在不同保值率情况下的地下水天然补给。地下水允许开采量则以地下水的枯季径流量为基础，在充分考虑岩溶山区地下水赋存条件、开发利用条件的复杂性以及扣除一定生态需水的情况下，取枯季地下水资源量的2/3 作为地下水的允许开采量。

1.3.3　岩溶地下水供热功能研究

地下水系统供热功能研究在国内外均以浅层地热能来体现，而浅层地热能的利用又是以地源热泵的形式来实现的，其开发利用已有较长的历史。地源热泵的历史起源可以追溯到 1912 年瑞士的一个专利。而欧洲第一台热泵机组是在 1938 年间制造的,它以河水低温热源,向市政厅供热,输出的热水温度可达 60℃。在冬季采用热泵作为采暖需要,在夏季也能用其来制冷。1973 年能源危机的推动,使热泵的发展形成了一个高潮。目前,欧洲的热泵理论与技术均已高度发达,这种"一举两得"并且环保的设备在法、德、日、美等发达国家业已广泛使用。如美国,截至 1985 年全国共有 1.4 万台地源热泵,1997 年一年就安装了 4.5 万台,到目前已经安装了 40 万台,而且每年以 10% 的速度稳步增长。1998 年美国商业建筑中地源热泵系统已占空调总保有量的 19%,其中在新建筑中占 30%。美国地源热泵工业已经成立了由美国能源部、环保署、爱迪逊电力研究所及众多地源热泵厂家组成的美国地源热泵协会,该协会在近年中将投入 1 亿美元从事开发、研究和推广工作。美国在 2001 年已达到每年安装 40 万台地源热泵的目标,将降低温室气体排放 100 万吨,相当于减少 50 万辆汽车的污染物排放或种植树木 100 万英亩(1 英亩=4047 平方米),年节约能源费用达 4.2 亿美元,此后,每年节约能源费用再增加 1.7 亿美元。

20 世纪 90 年代,中美签订了《关于地热能源生产与应用的合作协议》,并开始实施《中美两国政府合作推广美国地源热泵技术工作计划书》,分别在北京、广州、宁波等地启动了地源热泵示范性工程,由此拉开了我国浅层地热能发展的序幕。

目前,我国 31 个省市区均有浅层地热能开发利用工程建设,其中 80% 集中在华北和东北南部地区。截至 2012 年 4 月底,全国利用浅层地热能装备空调面积已达 2.4 亿 m^2,利用区域涉及全国所有气候带,其中以寒冷地区、夏热冬冷地区利用最为广泛。北京市约有 3000 万 m^2 的建筑利用浅层地热能供暖和制冷,而沈阳市已超过 5000 万 m^2,西南城市中重庆市的建筑利用面积也已近 400 万 m^2。较为典型的案例有 2008 年北京奥运会主体育场"鸟巢"地源热泵系统工程、上海世博园地源热泵工程等。

贵州省地下水地热能的研究和开发始于 2000 年,贵州省地矿局 111 地质队与贵州富尔达地温空调公司率先在贵阳医学院附属医院采用 8 组机井开采水量超过 6000m^3/d,实施了超过 10 万 m^2 建筑的地温空调工程,而后,分别在贵阳、遵义、都匀等中心城市先后实施了数十处浅层地热能的开发利用工程。通过上述工程的实施,初步总结了地下水浅层地热能的赋存特征、回灌条件下地热能的变化趋势和有效开发利用的途径。

1.4　研　究　基　础

(1)贵州省地下水资源勘查机井工程。从 2007 年开始,贵州省大范围实施了地下水资源勘查工作,在开展地下水调查的同时实施了大量的机井工程("探、采"结合井)。2008～2010 年,依托于地下水调查项目,机井工程持续开展。2010～2011 年,贵州省遭遇百年难遇的大旱,因此开展了贵州省抗旱打井工作。从 2012 年开始,贵州省机井工程进入常态化,其中 2012～2014 年机井工程分别为 800 口、600 口和 1000 口。截至 2015 年,贵州省累计施工地下水机井 4688 眼,成井 3764 眼,总涌水量 63.6 万 m^3/d,解决了贵州省281.5 万人的饮水问题。这些机井的实施,一方面为农村饮水安全提供了水源点,一方面也为研究贵州岩溶地下水的赋存提供了重要数据。

(2)岩溶区区域水文地质调查。2003~2011年，贵州省相继完成了"贵州典型地区岩溶地下水调查和地质环境整治示范——大小井岩溶流域地下水与地质环境调查""贵州重点地区岩溶地下水与环境地质调查——道真向斜岩溶流域、锦江-舞阳河中下游岩溶流域、白甫河-野纪河岩溶流域、芙蓉江-洪渡河岩溶流域、麻沙河-大田河岩溶流域、湘江-綦江岩溶流域"等项目，建立了一批地下水动态观测站，并对区内的部分泉点进行了取样分析。这些成果为研究贵州地下水系统类型、资源量的评价以及水质特征等提供了宝贵数据(图1.1)。

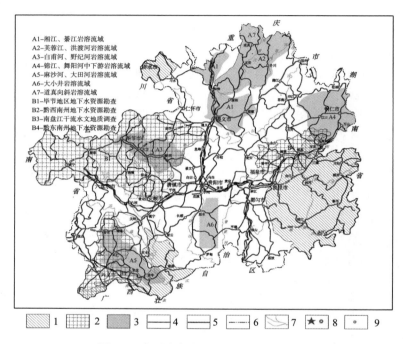

图 1.1   贵州省岩溶区地下水工作现状图

1.非岩溶区；2.地下水资源调查区；3.岩溶流域水文地质及环境地质调查；4.铁路；5.公路；6.省界；
7.地表水系；8.省会及地级市；9.县、区

(3)岩溶区枯季测流。2012年初，贵州省国土资源厅安排贵州省地矿局在全省范围对6831个岩溶泉、地下河开展枯季测流工作，所测数据较为客观真实地反映了贵州省地下水资源状况，同时也客观反映出了不同层、不同岩性地下水枯季径流模数的概值。通过该次枯季所测得岩溶泉或地下河出口的流量，在1：5万水文地质图上圈量出各岩溶泉、地下河流域面积，从而概算出该地层枯季径流模数，对概算出的枯季径流模数进行了整理、统计、分析。

第2章 岩溶区水文地质背景

2.1 自 然 地 理

2.1.1 自然地理概况

贵州位于云贵高原东部，处于西南岩溶石山区中心地带，与重庆、四川、湖南、云南、广西接壤，是西南交通枢纽。地理坐标为东经 103°36′～109°35′，北纬 27°37′～29°13′。全省面积 17.6167 万 km²，其中碳酸盐岩面积 12.96 万 km²，除黔东南镇远-玉屏以南、凯里-三都以东区域为前震旦变质岩系外，其他区域均以震旦纪至三叠纪海相稳定类型的碳酸盐沉积为主，碳酸盐累计厚度一般达 6000m 左右，最大达 8500m。不同地区沉积盖层总厚度与不同时代碳酸盐岩层垂直厚度的百分比也都不尽一致，黔东北约为 9.5%。黔北为 44%～64%，黔西南为 44%～62%，其余地区皆在 54%以上(图 2.1)。

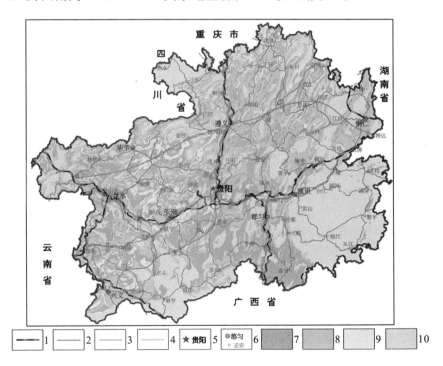

图 2.1 贵州省碳酸盐岩裸露平面图

1.铁路；2.高速公路；3.省道；4.县道；5.省会驻地；6.市/县级驻地；7.灰岩；8.白云岩；9.不纯碳酸盐岩；10.碎屑岩

2.1.2　气象水文

1.气象

　　贵州地处亚热带季风气候区，气候温和，冬无严寒，夏无酷暑，雨量充沛，无霜期长；春夏干旱、春秋低温、冰雹等多种气象灾害频繁且危害较重。全省年平均气温为 10～20℃，以 7 月最高，1 月最低(图 2.2)。

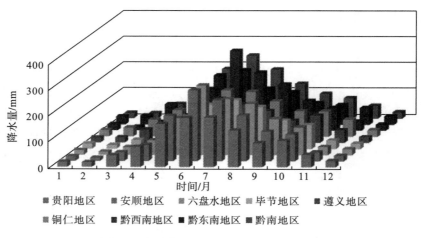

图 2.2　贵州省各地区月平均降水量直方图

　　贵州省内降水量总的分布趋势是南部多于北部、东部多于西部。降水丰富但在时间和空间上分布不均匀，每年 5～10 月降水量最多，占年降水量的 47%，暴雨多，强度大，为雨季；12 月～次年 3 月最少，仅占 5%，为旱季。从空间分布来看，全省主要有三个多雨区，分布在西南部、东南部、东北部(图 2.3)，其中西南部降水量在 1300mm 以上，中心区在织金、六枝、普安一带；晴隆高达 1588.2mm，是省内降水最多的地方；东南部多雨区呈北东-南西向条带状分布，中心区在独山、麻江、雷山一带，其中丹寨可达 1505.8mm；东北部多雨区在梵净山东南的铜仁、松桃一带。降水量最少的地区在威宁、赫章、毕节一带，年降水量在 900mm 左右，最少的赫章仅 854.1mm。

2.水文

1)水系

　　贵州省位于我国的西南分水岭地带，分属长江和珠江两大流域，其河流的分水岭位于中部的苗岭，走向由西向东。省内长江流域二级水系分布有：金沙江支流牛栏江、横江、长江干流的支流赤水河及綦江、乌江及洞庭湖水系。流域面积为 115747km^2。占全省总面积的 65.7%；珠江流域有红水河水系(包括南盘江、北盘江、蒙江、曹渡河)和柳江水系，流域面积为 60381km^2，占全省总面积的 34.3%。(图 2.4)

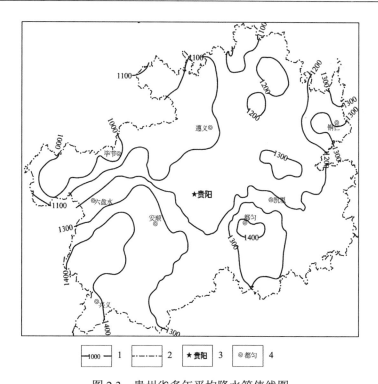

图 2.3　贵州省多年平均降水等值线图

1.多年平均降水等值线(mm)；2.省界；3.省府；4.地(州)市

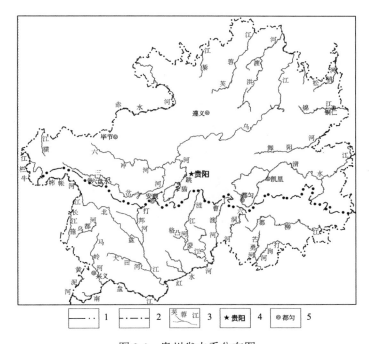

图 2.4　贵州省水系分布图

1.长江—珠江分水岭；2.省界；3.河流及名称；4.省会驻地；5.地(州)市驻地

省境河流多为源发性河流，源于西部、中部山地，受地形地貌与地质构造制约，从西部、中部向南、北、东三个方向呈放射状向省外径流。多数河流上游河谷开阔，坡降平缓；中游束放相间，水流湍急；下游河谷深切，多穿行峡谷之中，为岩溶大泉及地下河排泄基准面。另外，由于省内碳酸盐岩分布面积广，岩溶发育，使得大部分河流穿行在碳酸盐岩中，因此在河流的中游常见明流、暗流交替出现。

2) 水文特征

贵州的河流都是雨源性河流，主要靠大气降水补给，河流年径流量变化基本与降水量变化分布一致，一般是南部比北部多，东部比西部多，山区比河谷多。且年内分配极不均匀，一般每年 12 月、1 月、2 月、3 月为枯水期，4 月、10 月、11 月为平水期，5 月、6月、7 月、8 月、9 月为丰水期。此外，省内河川径流量总的分布趋势为从东向西、由北向南递增，全省河流最大年径流是最小年径流量的 2～3 倍，少数可达 4 倍。根据贵州省水文总站资料，贵州河流年径流量多年平均为 1035 亿 m^3，一般丰水年为 1201 亿 m^3，平水年为 1025 亿 m^3，一般枯水年为 900 亿 m^3，特枯为 735 亿 m^3，约占全国河流年径流量的 3.9%。其中，长江流域区年径流量占全省径流总量的 65.5%，年径流深 579mm；珠江流域区年径流量占全省径流量的 35.5%，年径流深 608mm。

2.1.3 地形地貌

1.地势

贵州省地处我国西南云贵高原东侧的梯级状斜坡上，总体地势西高东低，自西向北、东、南三个方向倾斜。西部最高为赫章县珠市乡韭菜坪，海拔 2900m；最低点为黔东南州黎平县地坪乡水口河出省处，海拔 147.8m（图 2.5）。

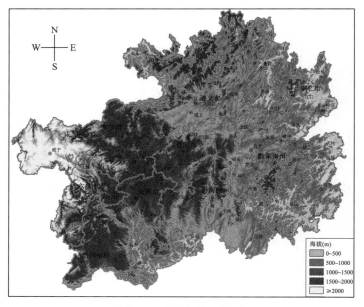

图 2.5 贵州省地势彩图

贵州省内地势总体可概括为"从西向东三个台阶、南北两大斜坡"。第一台阶为西部乌蒙山脉毕节市的威宁、赫章和六盘水市的钟山区一带，平均海拔 2100m。第二台阶位于黔中贵阳、安顺一带，平均海拔 1200m，地势相对平缓，多形成溶蚀山原、峰林谷地，苗岭山脉横亘黔中，是贵州省内长江和珠江流域的分水岭地带；第三台阶位于贵州省东部的铜仁、玉屏、从江等地，海拔 200～300m。过渡斜坡形成于每个台阶之间。

2.地貌

1)岩溶地貌分区

贵州省内的地貌总体上可概括为高原山地、丘陵盆地和河谷斜坡三种基本类型。其中山地和丘陵占 92.5%。同时，贵州省又处在我国西南岩溶石山区的中心地带，岩溶区面积大，岩溶地貌极为发育，形态多样。溶蚀成因地貌以碳酸盐岩为基础，以溶蚀作用为主要营力。根据岩溶正、负形态类型特征可划分以下 7 个主要地貌形态组合类型(图2.6)。

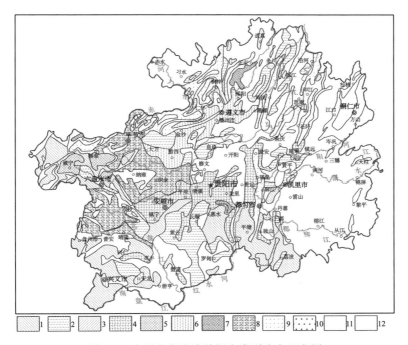

图 2.6　贵州省岩溶地貌组合类型分布示意图

1.峰丛洼地；2.峰丛谷地；3.峰林洼地；4.峰林谷地；5.溶丘洼地；6.溶丘盆地；7.峰丛峡谷；
8.峰丛沟谷；9.垄岗岗地；10.岩溶断裂盆地；11.构造台面；12.非岩溶区

(1) 由峰丛与洼地(或漏斗)组合成的岩溶地貌，负地形发育率 15%～20%，约占全省岩溶地貌面积的 1/5～1/6。集中分布在南部贵州高原向广西丘陵过渡的斜坡地带，以及南盘江、北盘江一级支流的两侧，其余地区有小范围的零星分布。分布面积较小的黔南甲良、麻尾、新洞、水利等地，由无基座锥状溶峰与洼地组合。岩溶锥峰林立，峰顶较平齐，相对高度小于 200m，洼地密度 53 个/km^2，底部多不平坦。

(2) 由峰丛与溶蚀谷地组成，负地形发育率 20%～30%，谷底平坦，多被第四系松散层覆盖，内有常年性水流，地下水位埋藏浅，常小于30m，谷侧有地下河发育。峰丛谷地分布较广，主要见于贵州东北部，包括黔北的凤冈、湄潭、余庆，黔东梵净山以东的铜仁"东四县"，黔南黄平、施秉、镇远、岑巩及凯里的大部分地区，其他地区仅有小面积分布。峰谷高程一般在100~200m。峰丛谷地的发育具有一定的选择性，多发育在平缓褶皱核部的白云岩或钙质白云岩分布区。

(3)峰林与谷地的组合形态由无基座溶峰与谷地组成，峰林立于宽广的谷地之中，相对高差100~150m，谷地中多被第四系松散层覆盖，地下水位浅。地下河天窗、岩溶潭发育，岩溶水丰富，有常有性地表水流。本类地貌主要分布在黔中二级高原台面上，以黔中安顺、普定、镇宁分布较集中，黔南、黔西南兴义、兴仁、贞丰分布较多，黔北及其他地区零星分布。峰林谷地易发育于舒缓型复式背、向斜核部及靠近区域分水岭的斜坡地带。

(4)岩溶丘陵、洼地、盆地组合的岩溶地貌。溶丘低矮圆滑，多呈"馒头状"，相对高差不小于50m。盆地宽缓，洼地呈圆形或椭圆形，浅蝶状，多封闭，内有厚度不大的土层覆盖。分布于贵阳、龙里、威宁中部等地。

2)地貌特征

贵州是我国南方岩溶极为发育的省份，古近纪~新近纪时期岩溶持续发育，在古岩溶的基础上叠加了近代岩溶，热带环境下形成的地貌受到亚热带环境的改造。因此，广泛分布着不同的岩溶地貌类型和形态组合类型。

岩溶地貌类型齐全，个体岩溶形态多样。贵州常见到地表岩溶地貌形态类型，有石芽、溶沟、漏斗、落水洞、竖井、洼地、溶盆、槽谷、峰林、峰丛、溶丘、岩溶湖、岩溶潭、多潮泉等。地下有溶洞、地下河、伏流、暗湖及各种钙质沉积形态，如石钟乳、石笋、石柱、石幔等。单个个体形态在一定的岩溶地质环境条件下又组合成峰林谷地、峰丛洼地、垄岗槽谷等多种组合形态。形态组合随所处区域不同呈有规律的分布。

岩溶地貌具有向深性发育和叠置发育的特征。岩溶地貌在发育过程中，因地壳抬升，排泄基准面下降，使岩溶水处于向深部循环的状态中，逐渐向深性的水动力过程导致了岩溶水垂直循环带不断加厚，从而使岩溶地貌区发育出深而封闭的洼地、漏斗、落水洞、竖井及岩溶峡谷。岩溶的叠置发育也很突出，在一些较大的洼地中，发育了封闭的圆形洼地，在圆形小洼地中又发育着漏斗、落水洞或竖井与深部地下河相连。由于新构造运动的抬升作用，从分水岭至河谷基准面往往发育多层水平溶洞及地下河，且垂向上具有一定联系。

岩溶发育受地质构造和岩层组合构造的控制，岩溶地貌与流水侵蚀地貌交错分布，且有明显的条带性。岩溶地貌发育区内往往出现小面积的侵蚀地貌，并形成地表水流，当河溪径流至岩溶地貌区时多潜入地下形成伏流及地下河；相反，地下河流至侵蚀地貌区受砂、页岩阻隔，又出露成为地表河，交替出现。

根据地貌演化及形态特征，贵州省从区域分水岭至和河流的中、下游，可分为高原区、过渡斜坡区和峡谷区三个不同的地貌区段。

(1)高原区：多位于河流的上游分水岭一带。近代地壳上升运动，引起河流下切，侵蚀基准面下降，溯源侵蚀尚未波及这一地区，早期地貌保存较好，地表河流浅切割，地形高差一般在数十米以内，地形坡度一般小于15°。如一级高原台面的威宁、水城和苗岭分水岭地带，二级高原台面的遵义、贵阳、安顺以及三级高原台面的铜仁、凯里等。

（2）过渡斜坡区：分布于河谷裂点以上的分水岭（高原区）以下的缓倾斜地带。河流溯源侵蚀，河谷裂点向源推移尚未达此区，地表河流仍保持宽谷缓流的基本特点，地貌组合形态为峰林谷地、峰丛洼地。在碳酸盐岩大片分布区，发育有复杂的树枝状地下河系统，其特征是中、上游支流多，单个支流高原区的明流至本区潜入地下成伏流，而后以跌水或瀑布的形式再泄入地表干流，形成明流和暗流交替的地表、地下水系。

（3）峡谷区：主要分布于河流裂点以下地区。地形切割强烈，峡谷水急坡陡，河流下切深度大，地下水垂直循环厚度大，常见深达 100～200m 的竖井、落水洞及大坡降的暗河、伏流、跌水分布。岩溶地下水以集中管道流为主，地表明流罕见。

2.2　地　质　结　构

2.2.1　地层岩性

1.岩石地层

贵州地层发育齐全，自新元古界至第四系均有出露。省内的岩石地层分布特征为：志留系、奥陶系和寒武系主要分布于贵州北部的遵义、铜仁、凯里一带；三叠系主要分布于贵州北西部的毕节、中部的贵阳和安顺、西南部的兴义；二叠系主要分布于贵州西部的威宁、水城、织金、盘州、晴隆等地（图 2.7）。

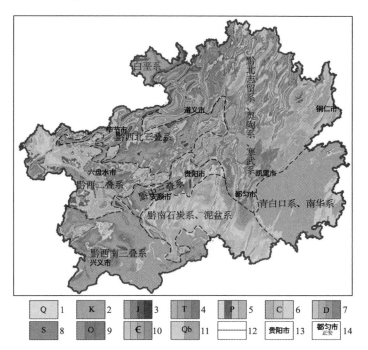

图 2.7　贵州省岩石地层平面分布图

1.第四系；2.白垩系；3.侏罗系；4.三叠系；5.二叠系；6.石炭系；7.泥盆系；8.志留系；9.奥陶系；
10.寒武系；11.青白口系；12.省界；13.省会驻地；14.市/县驻地

贵州地层的构成及分布具有以下几个特点。

(1)地层主要由沉积岩、浅变质沉积岩组成，火成岩和深变质岩少。沉积岩中又以碳酸盐岩最为发育，地层累计厚度达 2 万余米，地表分布面积 10.9 万 km^2，约占全省总面积的 61.9%。

(2)在垂向上贵州地层三分性明显。新元古界以海相陆源碎屑岩为主，次为火山岩、火山碎屑岩及少量碳酸盐岩，并且大部分已成浅变质岩；震旦纪晚期至晚三叠世中期以海相碳酸盐岩为主，夹有部分海相碎屑岩；晚三叠世晚期以后均为陆相碎屑岩。

(3)省内碳酸盐岩地层大致可分为四大套，四套碳酸盐岩之间均间隔有陆源碎屑岩。

第一套由震旦系至寒武系灯影组白云岩组成。主要分布在黔北、黔中地区一些背斜的核部或近核部，在构造单元上大致为黔北隆起区，厚度数百米。

第二套由下古生界的寒武系第二统顶部至下奥陶统的碳酸盐岩地层(清虚洞组、高台组、石冷水组、娄山关组及桐梓组、红花园组)组成。主要出露于贵州北部和中南部各背斜构造核部及近翼部，除底部(寒武系第二统清虚洞组)和顶部(下奥陶统红花园组)为石灰岩外，其余均为白云岩，在中下部(石冷水组为主)夹有膏盐层，厚约 900～2000m。

第三套组合由上古生界泥盆系中统至二叠系中统碳酸盐岩组成(泥盆系的鸡窝寨组、望城坡组、尧梭组、革老河组，石炭系至二叠系的摆佐组、黄龙组、马平组、栖霞组及茅口组)。主要出露于分布在贵州省的西部的毕节、六盘水地区和黔南。该套组合除中下部高坡场组、摆佐组为白云岩外，岩性全为生物灰岩及生物屑灰岩，并有一定数量的礁灰岩，另外，其间夹有厚度不大的碎屑岩(如祥摆组、梁山组)。

第四套组合主要由早三叠世晚期至晚三叠世早期的碳酸盐岩组成。大面积出露于黔西南、黔中地区，其次分布于黔北的西部地区。本套碳酸盐岩底部(大冶组、夜郎组)和顶部(法郎组)为石灰岩，中部岩性变化较大，黔北、黔西北以石灰岩为主，黔中、黔西南、黔西北南部为白云岩，白云岩中夹有膏盐层，厚约 1500m。在四套碳酸盐岩之间均间隔有陆源碎屑岩。

(4)各时代地层在空间分布上具有如下的规律性，主要表现为：新元古界大面积分布于黔东南的黎平、从江、榕江等地及黔东北的梵净山地区；下古生界主要分布在黔东、黔北、黔中地区，尤以黔东和黔北分布最广；上古生界主要分布在黔南、黔西北地区；三叠纪主要分布在黔西南、黔中及黔北地区；侏罗系及白垩系主要布露于黔北的赤水、习水境内。

(5)在沉积相上的分布特征为：新元古代至早古生代的沉积相带主要呈北东向展布，自北西向南东呈现台地-台缘-斜坡-盆地格局，且台缘相随盆地发展及萎缩而迁移；早古生代至三叠纪，沉积相带呈北西、北东向展布，呈现台-盆相间的格局。

2.不同岩相碳酸盐岩岩性的空间分布特征

根据以上不同地质时期的碳酸盐岩岩相的分布以及研究调查的结果，将贵州省地表浅部出露的碳酸盐岩分为三个不同的岩相区(图2.8)。

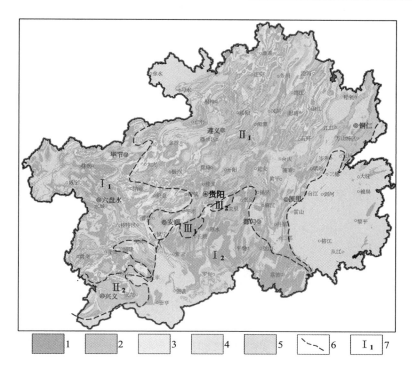

图 2.8   贵州省不同岩相碳酸盐岩平面分布图

1.灰岩；2.白云岩；3.不纯碳酸盐岩；4.碎屑岩；5.第四系；6.岩相分区界限；7.岩相分区代号

1)开阔台地相石灰岩为主的碳酸盐岩分布区(I)

该区主要发育开阔台地相石灰岩，分为贵州的南部(I_1)和西部(I_2)。I_1 区主要包括石炭系黄龙马平组和二叠系栖霞茅口组地层，主要分布在黔南的独山、荔波、罗甸、紫云、都匀、惠水、安顺、镇宁等地区。本区石灰岩出露面积以石炭系黄龙马平组地层所占比例最大，约为48%，二叠系栖霞茅口组地层约为20%，此外，本区还有寒武系、泥盆系、三叠系碳酸盐岩零星分布。

I2 区主要包括石炭系、二叠系、三叠系地层，主要分布在贵州西部的赫章、威宁、六盘水、普定等地区。本区石灰岩出露面积以二叠系所占比例最大，约为34%，三叠系约为28%，石炭系约为24%，此外，本区还有少量的泥盆系碳酸盐岩出露。

2)局限台地相白云岩为主的碳酸盐岩分布区(II)

该区主要发育局限台地相白云岩，分布在黔北和黔东北地区。主要包括震旦系灯影组、寒武系娄山关群、三叠系安顺组地层。其中娄山关群的白云岩所占比例最大，灯影组次之，安顺组最小。

3)台地边缘相礁灰岩的碳酸盐岩分布区(III)

该区主要发育台地边缘相礁灰岩，分布在黔西南的安龙-贞丰-紫云-罗甸一带和贵阳青岩地区、安顺市一带，主要包括二叠和三叠系礁灰岩地层。此外，研究区还出露泥盆系、石炭系台地边缘相礁灰岩地层。

贵州不同岩相碳酸盐岩岩性的空间分布特征为:开阔台地相石灰岩主要分布在贵州的

南部和西部；局限台地相白云岩在贵州省内分布较广，主要分布在黔北、黔东北和黔中地区，黔西南少量分布；台地边缘相礁灰岩主要分布在黔西南的安龙-贞丰-紫云-罗甸一带和贵阳青岩、安顺地区。

开阔台地相石灰岩代表性地层包括寒武系下统清虚洞组、奥陶系下统红花园组、石炭系中统黄龙、马平组、二叠系中栖霞组、茅口组、二叠系上统吴家坪组、三叠系下统夜郎组、嘉陵江组等；局限台地相白云岩代表性地层包括震旦系上统灯影组、寒武系系统高台组、寒武系中统石冷水组、寒武系中统娄山关群、奥陶系下统桐梓组、泥盆系上统高坡场组、石炭系摆佐组、三叠系安顺组、三叠系中统关岭组等。除外，尚有介于开阔台地相和局限台地相的白云质灰岩、钙质白云岩，代表性地层为泥盆系上统望城坡组、尧梭组等。

2.2.2　地质构造

贵州省的大地构造位置一级分区属羌塘-扬子-华南板块，二级分区属扬子陆块。贵州省岩溶区集中分布于扬子准地台黔北台隆和黔南台陷内，四级构造单元包括毕节北东向构造变形区、凤岗北北东向构造变形区、贵阳复杂构造变形区、威宁北西向构造变形区、普安旋扭构造变形区、贵定南北向构造变形区和望谟北西向构造变形区(图2.9)。

1.断裂

断裂构造对岩溶地下水的补给、赋存、运移以及排泄均有重要的影响。贵州省地处中国西南部，在构造应力场特点上存在中国东西两部分"过渡"类型特点。黔西的主压应力方向为北西向，黔东的主压应力方向是北北东向，黔南的主压应力方向近东西向(图2.10)。这种由黔西向黔东、黔南，主压应力方向为北西向→北北东向→东西向的变化特点，为贵州地区构造应力场的基本特征。贵州省内的断裂构造性质多样，以北东向、北西向两组深断裂、大断裂最为发育，它们对后期的沉积建造及构造形变的发育状况起着控制作用。此外贵州岩溶地下水的富集和运移与断裂构造息息相关，由于每一次断裂或体系形成的地质历史、切穿深度、近期活动性质及强度不同，其对地下水的影响也各异。

2.褶皱

在贵州岩溶地区，区域性的褶皱构造往往形成岩溶地下水系统的空间构架，其影响岩溶含水层的空间分布、储存以及排泄等。据《贵州省区域地质志》，贵州全省范围内主要的较大褶皱有156个，其中背斜76个，向斜80个，穹隆或构造盆地92个。每个四级构造单元内的褶皱构造均有一定的独特性。

毕节北东向构造变形区，单个褶皱形态常呈S形弯转，背斜一般较宽，核部多由震旦系-寒武系地层组成；向斜较狭窄，其核部多保存侏罗系碎屑岩。在该区域，背斜褶皱是构成地下水含水系统的主要控制因素，典型的有维新地下河系统。

凤岗北北东向构造变形区，褶皱多呈S形，背斜与向斜多为等势发育，背斜轴部常发育寒武系，向斜核部多保存三叠系。区内褶皱一般长10~100km，宽超过10km。受岩性影响和构造条件的控制，常出现向斜地势高、背斜地势低洼的现象。在该区域，背斜和向斜褶皱均是构成地下水含水系统的主要因素，典型的有道真地下河系统、虾子场地下河系统。

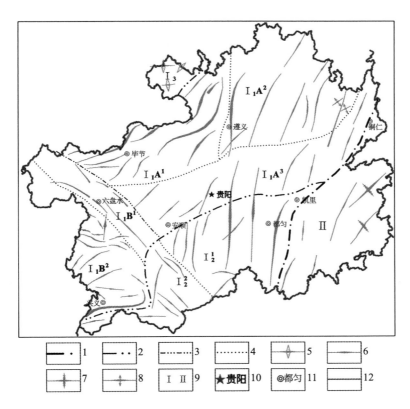

1.一级单元界线；2.二级单元界线；3.三级单元界线；4.四级单元界线；5.喜马拉雅期褶皱(背斜)；6.燕山期褶皱(背斜)；7.加里东期(背斜)；8.武陵期褶皱(背斜)；9.分区代码；10.省会驻地；11.地(州)市驻地；12.省界

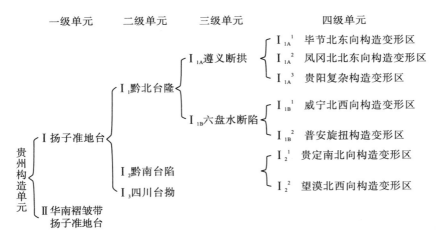

图 2.9　贵州省地质构造单元划分图

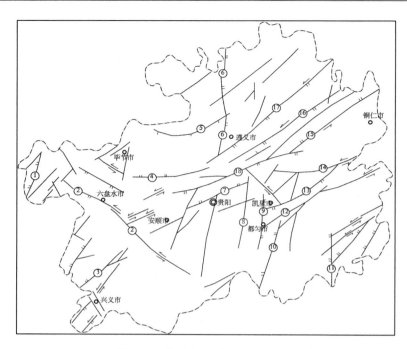

图 2.10　贵州省断裂构造分布略图

①石门断裂；②威宁-水城断裂；③下干河断裂；④马场断裂；⑤岩孔断裂；⑥白马山断裂；⑦乌当断裂；⑧贵定断裂；⑨都匀断裂；⑩三都断裂；⑪宰便断裂；⑫革东断裂；⑬凯里断裂；⑭施秉-玉屏断裂；⑮石阡-松桃断裂；⑯印江-敖溪断裂；⑰煎茶-湄潭断裂；⑱修文-鱼河断裂。

贵阳复杂构造变形区，贵阳以东区域以北北东和近南北向构造为主，具有典型的侏罗山隔槽式褶皱，背斜轴部多以寒武系碳酸盐岩为主，该地区地下水含水系统主要受控于褶皱构造。贵阳以西区域以北东向构造为主，褶皱的完整性相对较差，多由古生界和三叠系组成，以上古生界分布面积最广，少数背斜轴部出露震旦系；受构造完整性差的影响，区域地下水含水系统边界多以分水岭为主。

威宁北西向构造变形区，主要由北西向紧闭背斜与开阔平缓向斜组成，构成了侏罗山隔挡式褶皱组合。

普安旋扭构造变形区，线性构造优选方向有北东向及北西向，构造样式以穹隆构造、构造盆地或开阔平缓短轴背斜、向斜相间排列，背斜轴部多出露石炭系和二叠系，向斜轴部以三叠系为主。

贵定南北向构造变形区，以挤压型的南北向构造为主，具有典型的隔槽式褶皱特点，背斜呈箱状宽达 30～50km，向斜呈槽型宽 10km 左右。背斜核部多由平缓产出的泥盆系、石炭系组成，向斜轴部常为紧密的三叠系。该区内地下水含水系统主要受控于背斜褶皱，典型的如大小井地下水系统。

望谟北西向构造变形区，发育直扭型的北西向反排多字型构造及挤压型的东西向和南北向构造。北西向褶皱由北向南由上古生界和三叠系组成；南北向褶皱主要见于西部边缘，由石炭系和三叠系地层组成。

2.2.3　新构造运动

新构造运动是指自新近纪以来所产生的构造运动。贵州新构造运动自新近纪以来，整个贵州地壳经历了三次大的抬升，分别为古近纪、新近纪之间的喜山运动、上新世末的翁哨运动以及早更新世末的乌罗运动。新构造运动是形成现今贵州省内地貌和水文网络的最重要因素。

该类型构造样式是本区造山期后隆升背景的直接产物，也是新构造运动的主要构造表现形式，控制了河谷阶地或第四系分布、温泉、地震及地貌和水系格式。现今地形地貌特征、保存有多级剥夷面、多级河谷阶地及多层溶洞等特点，反映出贵州新构造运动具有明显的掀斜性、间歇性隆升和隆升的差异性等特征，而且现代仍处在隆升趋势之中。新构造运动对贵州的地形地貌、岩溶发育、岩溶地下水的赋存条件有较大的控制作用。

古近纪和新近纪的活动特征有着较大的差别。古近纪的活动主要表现为以褶皱和断裂为主，新近纪的运动则主要表现为以大面积、大幅度、间歇性的隆升为主。新近纪的隆升总体上反映出由西向东的掀斜，导致省内地势西高东低呈三个台阶(西部威宁赫章地区标高 2250m、向东至黔中地带为 1200~1250m；至东部铜仁、玉屏一带仅为 500~800m)，河流总体呈从西向东或向北东、南东径流的趋势。新近纪间歇性的隆升也使得省内地表河流产生间歇性的强烈切割，各主要河流谷地纵剖面上呈现多级阶梯状的侵蚀裂点，一般河流的中上游或支流流入干流的地带裂点较多，支流常呈瀑布或陡坡与主干流呈不协调汇合，岩溶区多表现为明流与伏流交替。

新近纪地壳间歇性抬升及其引起的水流溯源侵蚀，导致岩溶呈多层性发育，显示出岩溶发育的阶段性和继承性。在岩溶区地表河谷两岸，地下水系统中沿地下水径流方向上多呈"反平衡剖面"，靠近作为排泄基准面的地表河谷地带水力坡度剧烈加大，特别是在地下河系统中，地下水位埋藏深度加大，地下河床上多出现"裂点"、瀑布、跌水。由于上述原因，新近纪以来的新构造运动使得贵州省内岩溶山区地下水系统在平面上出现了地下水明显的富集差异，在一个地下水系统的中上游地带，地下水埋藏一般较浅，岩层含水性较丰富，而靠近地表深切河谷的下游地带，则多为地表和地下严重的缺水干旱区。

2.3　水文地质背景

2.3.1　地下水类型

贵州省内碳酸盐岩广泛分布，占全省面积的 71.7%。受地质构造和沉积环境的影响，贵州大部分区域碎屑岩与碳酸盐岩交互成层，这使得岩溶水和裂隙水在平面分布上呈分带性，在垂向上呈多层性，局部岩溶区还存在潜水、裂隙水与承压水共存的特点。因此，根据贵州省内地下水的赋存条件、含水介质、岩石组合类型和水力特征，将地下水类型划分为碳酸盐岩类岩溶水、碎屑岩类或火成岩类基岩裂隙水和第四系松散岩类孔隙水三大类。

碳酸盐岩岩溶水的类型按其岩性及含水类型的差异，又可进一步划分为裂隙-溶洞水、溶洞-裂隙水和溶孔-溶隙水三亚类（表 2.1）。

表 2.1　贵州省地下水类型划分统计表

地下水类型		含水岩组特征		水文特征
大类	亚类	岩性	含水介质	
碳酸盐岩类岩溶水	裂隙-溶洞水	石灰岩	管道-溶洞-裂隙	集中径流、排泄，紊流，动态变化大
	溶洞-裂隙水	石灰岩白云质灰岩	溶蚀裂隙和孤立状溶洞	集中径流、排泄，紊流，动态变化较大
	溶孔-溶隙水	白云岩	溶蚀孔洞、孔隙	较分散径流、排泄，层流，动态变化小
碎屑岩类或火成岩类基岩裂隙水	—	泥岩、砂岩、变质岩	基岩裂隙	分散径流、排泄，含水层的地下水富水性弱、均匀
第四系松散岩类孔隙水	—	砂、砾、黏土	孔隙	

2.3.2　含水岩组及其富水性

1.含水岩组划分

岩溶含水岩组是指赋存岩溶水的碳酸盐岩层组单元。一般情况下，在含水层厚度相同、流域面积相同、构造特征相似的情况下，地下水富水性、埋藏特征受岩性的控制最为显著。总体上，相近的岩性组合地下水的富水性、埋藏特征等也相近，如全部由碳酸盐岩组成的岩体中地下水特征体现为岩溶水，而全部由非碳酸盐岩组成岩体中地下水特征则体现为基岩裂隙水，在碳酸盐岩和碎屑岩互层的地层中所体现出来的地下水特征存在极大差异，从大致规律上来说，碳酸盐岩含量越多，则地下水富水性也越强，反之则地下水富水性越弱（图 2.11）。因此，利用碳酸盐岩与非碳酸盐岩组合的含量比例，可较好地反映含水岩组的富水性特征。

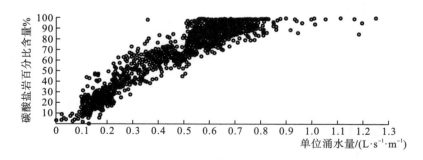

图 2.11　贵州地下水机井单位涌水量与碳酸盐岩含量对应图

由此，除第四系含水岩组外，其他岩溶含水岩组根据碳酸盐岩的含量多少进行划分，共划分出四个岩溶含水岩组类别（表 2.2）。

表 2.2　贵州省含水岩组划分依据一栏表

碳酸盐岩含量/%	含水岩组类别
<10	基岩裂隙水含水岩组
10~30	非碳酸盐岩夹碳酸盐岩岩溶水含水岩组
30~70	碳酸盐岩与非碳酸盐岩互层岩溶水含水岩组
>70	碳酸盐岩岩溶水含水岩组
第四系(Q)	松散岩类孔隙水含水岩组

2.含水岩组特征

将省内碳酸盐岩岩溶水类型都与之相对应的含水岩组,整理各类岩溶水在不同含水岩组内的分布,可得到相应的特征(表 2.3)。

表 2.3　贵州省地下水类型与代表岩石地层一览表

地下水类型		代表性层位
大类	亚类	名称
碳酸盐岩类岩溶水	裂隙-溶洞水	关岭组二段、嘉陵江组、夜郎组玉龙山段、大冶组、法郎组、马平组、黄龙组、栖霞-茅口组、清虚洞组
	溶洞-裂隙水	夜郎组、望城坡组、尧梭组
	溶孔-溶隙水	灯影组、娄山关群、桐梓-红花园组、石牛栏组、高坡场组、杨柳井组
碎屑岩类或火成岩类基岩裂隙水	—	新近系、古近系、白垩系、侏罗系、二桥系、飞仙关组、龙潭组、峨眉山玄武岩组、志留系、杷榔组、牛蹄塘组、明心寺组、金顶山组、陡山沱组、洋水组、南华系、青白口系
第四系松散岩类孔隙水	—	第四系(Q)

1)碳酸盐岩类裂隙-溶洞水或溶洞-管道水含水岩组

主要赋存于寒武系下统清虚洞组、石炭系黄龙组、马平组、二叠系中统栖霞-茅口组、三叠系下统夜郎组玉龙山段、嘉陵江组及中统关岭组二段和上统法郎组等地层,岩性以质纯、厚度大的石灰岩为主。

该含水岩组内岩溶发育强烈,地表岩溶洼地、落水洞、漏斗、天窗、竖井、地下河、溶洞、溶沟、溶槽等岩溶个体形态齐全。含水介质组合为溶洞-管道-裂隙,含裂隙-溶洞水。地下水多以地下河、岩溶大泉的形式排泄,是流域内地下河发育的主要岩溶层,其中尤以三叠系嘉陵江组、二叠系中统茅口-栖霞组分布最为广泛,富水性极不均匀,含溶洞-管道水或裂隙–溶洞水。区内调查地下河共 52 条,地下水枯季径流模数 2.7~13L·s^{-1}·km^{-2},泉水常见流量 2~50L/s,地下河出口流量 50~2000L/s,钻孔涌水量为 250~2000m^3/d,富水性中等~强。

2)碳酸盐岩类溶洞-裂隙水含水岩组

主要赋存于泥盆系望城坡组、尧梭组、夜郎组等地层中,岩性以石灰岩、白云质灰岩为主。

该含水岩组岩溶发育较强烈~强烈,岩溶地貌类型为峰丛洼地、槽谷、溶丘谷地等。

含水介质组合为裂隙、溶蚀裂隙及小规模管道、溶洞等，地表分散排泄的泉水较多，地下水赋存形式以裂隙流为主，管道流次之，含溶洞～裂隙水，地下水主要以泉的形式分散排泄，地下河、岩溶大泉少见，分散排泄的泉水点较多，流量小，但其动态变化不稳定～较稳定。常见泉点流量 20～100L/s，地下水枯季径流模数 1～7L·s^{-1}·km^{-2}，该类岩组富水性中等～强，含水较均匀。

3）碳酸盐岩类溶孔-溶隙水含水岩组

主要赋存于震旦系灯影组、寒武系中上统娄山关群、奥陶系下统桐梓-红花园组、志留系下统石牛栏组、泥盆系高坡场组、三叠系中统杨柳井组等地层中，岩性以白云岩、泥质白云岩为主。

该含水岩组岩溶发育较强烈，浅层岩石风化程度极高，岩体破碎。含水介质组合为裂隙、溶孔等，地表分散排泄的泉水较多，地下水赋存形式以孔隙流、裂隙流为主，含溶孔-溶隙水，地下水主要以泉的形式分散排泄，流量较小，但其动态变化较稳定～稳定。常见泉点流量 2.0～20L/s，地下水枯季径流模数 1～5L·s^{-1}·km^{-2}，该类岩组富水性中等，含水较均匀～均匀。

4）碎屑岩类或火成岩类基岩裂隙水含水岩组

本类含水岩组包括新近系，古近系，白垩系，侏罗系，三叠系中统二桥组、下统飞仙关组，二叠系上统龙潭组、峨眉山玄武岩组，志留系、寒武系中统杷榔组、下统牛蹄塘组、明心寺组、金顶山组，震旦系陡山沱组、洋水组，南华系，青白口系等地层，岩性为粉砂质泥岩、泥岩、石英砂岩、泥质粉砂岩、砂岩、粉砂岩、页岩、黏土岩等。

泉水流量一般 0.3～5L/s，地下水径流模数小于 1L·s^{-1}·km^{-2}。含水介质为风化裂隙、层间裂隙和构造裂隙，裂隙发育深度较浅，呈网状结构发育，具有延伸短，方向性不明显的特点，多为近源排泄。

5）第四系松散岩类孔隙水含水岩组

此类含水岩组主要为第四系冲洪积、残坡积黏土、粉质黏土、亚砂土，分布于岩溶洼地、谷地及河谷两岸，在湄潭和绥阳一带较为成片，土层厚度一般为 0～2m，含水介质为孔隙。泉水流量一般小于 1.0L/s，且易干涸，含水层富水性弱。

3.含水岩组富水性

贵州省内以裸露岩溶区为主，除白云岩溶孔-溶隙水含水岩组含水性相对较均匀，地下水多分散径流、分散排泄外，石灰岩溶洞-管道水含水岩组及白云质灰岩或钙质白云岩溶隙-溶洞水含水岩组含水性都极不均匀，并主要以岩溶大泉及地下河出口的形式集中排泄。本书以枯季地下水径流模数作为岩溶含水岩组富水性的主要评价指标，泉流量和钻孔涌水量为辅助指标（表 2.4）。

表 2.4 贵州省碳酸盐岩富水性等级指标划分表

富水性指标				富水等级
常见泉流量 (L/s)	地下河流量 (L/s)	地下水枯季径流模数 (L·s^{-1}·km^{-2})	钻孔单位涌水量 (L·s^{-1}·m^{-1})	
>10	>100	>6	>0.5	强
5～10	50～100	3～6	0.3～0.5	中
<5	<50	<3	<0.3	弱

　　统计分析表明(表 2.5)，省内不同含水岩组的富水性具有较强的规律性，总体表现为以下三点。

　　1)裂隙-溶洞水或溶洞-管道水含水岩组富水性最好，其中二叠系中统栖霞茅口组、石炭系-二叠系马坪组、寒武系清虚洞组富水性指标为"强"，单个水点流量大。

　　2)裂隙-溶洞水含水岩组地下河岩溶泉较发育，三叠系上统法郎组和中下统嘉陵江组富水性强，其余岩组富水性中等。

　　3)溶孔-溶隙水含水岩组中，以纯白云岩层位的三叠系杨柳井组、安顺组、石炭系摆佐组、泥盆系高坡场组、寒武系娄山关组、平井-毛田组、比条-追屯组富水性较好；含泥质等的不纯碳酸盐岩富水性均为弱。

表 2.5　贵州省岩溶水类型及主要含水岩组富水特征统计表

岩溶水类型	含水岩组代号		统计特征值(L/s)				水点(泉、暗河)流量(L/s)					钻孔一般涌水量(m³/d)	地下水枯季径流模数(L·s⁻¹·km⁻²)	富水等级
			统计水点(个)	总流量	单点平均值	最大值	流量分级(个)							
							<10	10~100	100~500	500~1000	>1000			
溶洞管道水	T₂l	92	丰	11531.20	125.34	2000.00	66	13	11	4	3			中
			枯	8404.41	91.35	1664.15	125	32	7	3	3			
	T₁d	855	丰	18397.05	21.52	2067.00	700	127	20	5	3	300~500	3.5	中
			枯	6372.25	7.45	700.00	772	72	9	2				
	T₁y	1175	丰	35249.40	30.00	3001.60	876	244	40	11	4	100~300	3.98	中
			枯	9953.08	8.47	372.69	978	180	17					
	P₃c	512	丰	10954.35	21.40	1910.00	416	80	11	3	2	100~600	2.98~5.81	中
			枯	4498.24	8.79	1000.00	461	44	5	2				
	P₃w	489	丰	22242.24	45.49	1828.80	360	97	20	8		400~800	3.6~5.5	中
			枯	11822.78	24.18	1828.80	404	62	18	2	3			
	P₂q-m	2503	丰	260372.68	104.02	6000.00	1454	684	251	57	57	500~1000	4.0~12.0	强
			枯	97629.84	39.01	3068.93	1769	537	161	22	14			
	C₂P₁m	640	丰	53867.35	84.17	3000.00	430	137	47	12	14	220~765	4.9~9.1	强
			枯	18838.03	29.43	1744.00	498	102	30	6	4			
	CP₁w	245	丰	14919.84	30.90	3348.40	199	38	19	5	2	450~1000	4.0~6.50	中偏弱
			枯	6818.67	27.83	3348.40	444	214	6	1	1			
	Є₁q	707	丰	74880.57	105.91	4780.80	384	190	102	18	13		3.6~6.01	强
			枯	26009.12	36.79	1834.20	467	180	53	4	3			
溶孔、溶隙水　纯白云岩	T₂y²	344	丰	4309.01	12.5.	345.00	281	50	13			300~500	3.64~4.0	中
			枯	2020.12	5.87	276.93	309	30	5					
	T₁₋₂a	735	丰	22199.23	30.20	3933.00	591	111	23	7	3	138~483.8	3.1~6.8	中
			枯	8296.49	11.29	1678.4	651	66	16	1	1			
	C₂b	164	丰	3935.26	24.00	1087.80	127	31	5	1	1	150~456.3	3.27~4.65	中
			枯	3062.41	18.67	880.00	576	260	5	1				

续表

岩溶水类型	含水岩组代号	统计水点(个)	统计特征值(L/s)			水点(泉、暗河)流量(L/s)					钻孔一般涌水量(m³/d)	地下水枯季径流模数(L·s⁻¹·km⁻²)	富水等级
			总流量	单点平均值	最大值	流量分级(个)							
						<10	10~100	100~500	500~1000	>1000			
溶孔、溶隙水	D₃gp	184	丰 3072.06	16.70	300.00	146	29	9			232~968	4.58	中
			枯 1383.12	7.52	200.00	158	23	3					
	€₃₋₄l	1791	丰 46765.97	26.11	3930.00	1304	39	79	6	4	500~800	3.0~5.0	中
			枯 19440.1	10.85	3094.0	1512	251	26	1	1			
	€₃₋₄b-z	38	丰 1159.99	30.53	450.00	17	17	4				3.0~4.0	中
			枯 657.01	17.29	234.00	25	11	2					
	dy	204	丰 2955.24	14.49	262.50	156	42	6			200~800	2.0~5.44	中
			枯 97629.8	39.01	3068.9	1769	537	161	22	14			
不纯白云岩	€₃sh	70	丰 2260.44	32.29	962.40	55	11	3	1			2.34	弱
			枯 571.37	8.16	166.67	58	11	1					
	€₂g	574	丰 23215.00	40.44	2060.00	401	131	33	5	4	100~200	2.8	弱
			枯 12074.7	21.04	1129.5	467	78	25	3	1			
裂隙溶洞水	T₃f	73	丰 14504.79	198.70	6524.60	51	14	5	1	2	300~1000	4.64~6.0	强
			枯 7722.63	105.7	6524.6	54	14	4		1			
	T₂g²	1530	丰 51187.75	33.46	4000.00	1123	306	87	10	4	300~500	2.54~6.6	中
			枯 23657.1	15.46	2317.5	1238	241	46	3	2			
	T₂b	281	丰 5894.25	20.98	1380.00	215	52	13		1	300~600	3.0~6.9	中
			枯 1931.97	6.88	148.19	239	39	3					
	T₁₋₂j	2018	丰 120961.5	55.47	6500.00	1363	518	161	36	16	300~1000	3.17~10.0	中~强
			枯 46702.1	23.14	1065.5	962	282	98	11	2			
	D₃w-y	41	丰 811.56	21.50	547.00	34	6	1			100~300	2.33~3.49	弱
			枯 199.85	4.87	84.00	38	3						
	D₂j	146	丰 1484.13	10.17	334.00	126	16	4				2.06	弱
			枯 757.54	5.19	334.00	131	14	1					
	O₁t-h	726	丰 36085.32	49.70	2520.00	542	156	56	6	6	400~800	3.21~8.57	中
			枯 13653.7	18.81	903.93	1123	306	25	3				

4.岩溶地下水富水块段

贵州省相对集中的岩溶水富集块段有:寒武系白云岩富水区(5个)、三叠系白云岩富水区(2个)、泥盆系白云岩富水区(1个)和断裂富水区(2个)四种类型,共10个区,面积11923.72km²(图2.12、表2.6)。

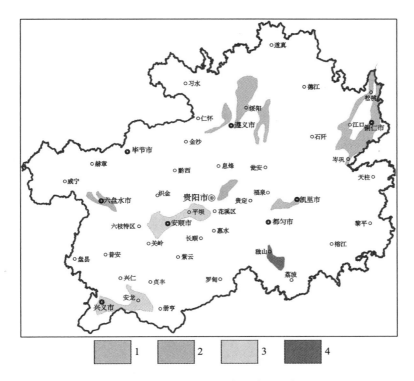

图 2.12　贵州省地下水富水块段分布图

1.寒武系白云岩富水区；2.断裂富水区；3.三叠系白云岩富水区；4.泥盆系白云岩富水区

表 2.6　贵州省地下水富水块段统计表

名称	富水块段类型	面积/km²	水文地质特征描述
遵义西郊至高坪富水块段	黔北寒武系白云岩垄岗槽谷型	482.63	位于贵州省北部，遵义西郊至高坪一带，地貌类型为垄岗槽谷，多出露寒武系白云岩地层，地下水类型主要为溶孔-溶隙水。区内出露较多岩溶大泉，常见泉流量 10～200L/s，机井涌水量多为 360～1039L/s，地下水水位埋深较浅，埋深多小于 50m
绥阳风华至茅垭富水块段	黔北寒武系白云岩垄岗槽谷型	1588.62	位于贵州省北部，绥阳县风华镇至茅垭镇一带，地貌类型为垄岗槽谷、谷地，多出露寒武系白云岩地层，地下水类型主要为溶孔-溶隙水。区内出露较多岩溶大泉，常见泉流量 10～300L/s，机井涌水量多为 200～500L/s，地下水水位埋深较浅，埋深多小于 50m
湄潭黄家坝至鱼泉富水块段	黔北寒武系白云岩垄岗槽谷型	826.03	位于贵州省北部，湄潭县黄家坝镇至鱼泉镇一带，地貌类型为垄岗槽谷，多出露寒武系白云岩地层，地下水类型主要为溶孔-溶隙水。区内出露较多岩溶大泉，常见泉流量 10～200L/s，机井涌水量多为 241～480L/s，地下水水位埋深较浅，埋深多小于 50m，为地下水富集区
铜仁至朱家场至松桃富水块段	黔西北寒武系白云岩谷地型	3226.15	位于贵州省东北部，铜仁至玉屏至朱家场至松桃一带，地貌类型为丘陵谷地，谷地多出露寒武系中上统白云岩地层，地下水类型主要为溶孔-溶隙水。区内出露较多岩溶大泉，常见泉流量 50～500L/s，机井涌水量多为 300～1000L/s，地下水水位埋深较浅，埋深多小于 50m
六盘水断陷盆地富水块段	六盘水断陷盆地型	573.57	位于贵州省西部，六盘水市钟山区至水城一带，地貌类型为断陷盆地，断层走向以北西向为主，多出露三叠系中下统灰岩、白云岩地层，地下水类型以裂隙-溶洞水为主。受断裂构造控制，区内出露较多岩溶大泉及地下河，常见泉流量 20～400L/s，机井涌水量多为 100～400L/s，地下水埋深多小于 100L/s

名称	富水块段类型	面积/km²	水文地质特征描述
安顺至平坝富水块段	黔中三叠系白云岩谷地型	2025.09	位于贵州省中部, 镇宁-普定-安顺-平坝一带, 地貌类型为丘峰谷地、峰林谷地, 集中出露三叠系下统安顺组白云岩地层, 地下水类型主要为溶洞-裂隙水。常见泉、地下河流量50~500L/s, 机井涌水量多为300~600L/s, 地下水水位埋深较浅, 埋深多小于50m
贵阳乌当至羊昌富水块段	黔中断裂谷地型	475.48	位于贵州省中部, 贵阳市乌当至羊昌一带, 地貌类型为峰丛谷地, 出露地层主要有寒武系白云岩及三叠系白云岩地层, 地下水类型主要为溶孔-溶隙水及溶洞-裂隙水。断裂构造较发育, 以北东向构造为主, 受断裂构造控制, 出露较大泉及地下河, 常见泉、地下河流量10~300L/s, 机井涌水量多为100~500L/s, 地下水水位埋深较浅, 埋深多小于50m
凯里至麻江富水块段	黔东南寒武系白云岩谷地型	450.53	位于贵州省东部, 凯里至麻江一带, 地貌类型为缓丘、丘峰谷地, 多出露寒武系白云岩地层, 地下水类型主要为溶孔-溶隙水。区内出露较多岩溶大泉, 常见泉流量10~200L/s, 机井涌水量多为100~600L/s, 地下水水位埋深较浅, 埋深多小于50m
兴义至安龙富水块段	黔西南三叠系白云岩台地型	1748.58	位于贵州省西南部, 兴义至安龙一带, 为峰林谷地、溶蚀台地地貌, 大面积出露三叠系中下统白云岩、白云质灰岩及灰岩地层, 地下水类型以溶洞-裂隙水及裂隙-溶隙水为主, 出露较多岩溶大泉及地下河, 流量一般50~1000L/s, 机井涌水量多为100~1000L/s
独山麻万至基场富水块段	黔南泥盆系白云岩谷地型	527.04	位于贵州省南部, 独山麻万镇至基场镇一带, 地貌类型为峰丛谷地, 以泥盆系白云岩地层为主, 地下水类型主要为溶洞-裂隙水。区内出露较多岩溶大泉, 常见泉流量10~200L/s, 机井涌水量多为100~500L/s, 地下水水位埋深多小于100m

2.3.3 岩溶地下水动态特征

岩溶水动态是指碳酸盐岩地区地下水流量、水位、水温及水化学成分在自然或人为因素影响下随时间的变化。岩溶发育程度和水文地质结构程度的差异, 含水介质及降雨入渗系数的差别, 导致了岩溶水动态的复杂化。

岩溶水动态变化是降雨变化、含水介质通畅性、地下水水力坡度、人为开采地下水等综合作用的集中表现, 其中最主要的影响因素是降水量大小及含水介质通畅性, 前文已论述大气降水是地下水主要补给源, 因此岩溶水的排泄量大小取决于降水量的多少。而含水介质决定贮水空间的规模、降雨入渗的流速、入渗量, 从而影响动态变化, 下面根据不同的岩溶水类型进行分述。

1) 裂隙-溶洞水或溶洞-管道水动态

裂隙-溶洞水或溶洞-管道水赋存于石灰岩地区, 含水介质为规模较大的溶洞地下河管道, 多为注入式补给, 动态变化大, 降水量大, 地下水接受补给迅速, 水量增大快, 水位上升幅度快而且大。反之, 水量、水位变幅小, 多数呈气候水文型, 年内天然流量变化系数(最大流量与最小流量的比值)一般为500~100, 流量过程线呈极不规则多峰锯齿线, 随降雨后一日或数小时, 流量上升到一个峰值, 峰值持续时间短, 暴涨暴落, 为极不稳定型。如在山区峰丛洼地径流段或其他裸露型岩溶水系统中, 特别是单管状管道水的动态变化更为剧烈, 典型的德江大龙阡地下河, 大雨后四小时流量增加两倍多, 雨停后便开始下降, 地下水位变化亦具同样的特点, 表现出极高的灵敏反映。换言之, 岩溶溶洞-管道水动态表现为与降水量呈线性直线相关的特点。

2）裂隙-溶洞水动态

含水介质以裂隙、溶洞为代表的黔中贵阳安顺一带赋存溶隙-溶洞水。由于含水介质差异，降水在其中运动的方式不同，在溶隙中，降水以相对均匀的渗入式为主，在溶洞中以注入式为代表，因此决定了裂隙-溶洞水动态的多样性。地下水动态既有溶孔-溶隙水动态的特点，又有溶孔-溶洞水动态的特征，主要分布于岩溶谷地及网络型地下河系统中，动态变化系数 10～50，动态变化对降雨反应敏感，一般峰值出现在雨后 1～3 日内，流量过程曲线起落陡峭，表现出变化快的特点，为急变型。

贵州是一个多雨的省份，各地降水量的多年平均值在 850～1600mm，降水年际变化对裂隙-溶洞水或溶洞-管道水的泉流量年际变化的影响，反映出年变化特征值趋于同步，对于裂隙-溶洞水亦有类似情况，仅变幅相对较小。对于溶孔-溶隙水的影响相对较小。

3）溶孔-溶隙水动态

赋存于白云岩地层的溶孔-溶隙水，其含水介质为溶孔、溶隙，对降雨反应明显滞后，峰值多出现在雨后 3～10 日，这是由于含水介质空间小，降水下渗缓慢，地下水接受补给较迟缓，滞后时间长，且接受补给均匀，因此流量过程曲线呈平缓峰谷曲线。动态变化系数 2～10，为缓变型。

从地下水动态成因分析看，潜水动态受降水变化影响大，多数呈线性关系，并且补给面积、流量增幅及水位升幅大，动态曲线为不稳定的多峰锯齿线。承压水动态则相反，受降水及含水介质影响，存在滞后现象，水位过程曲线为一条平滑的舒缓波状线。深循带岩溶水动态为洪、枯季流量差值小，变化系数小于 2，流量历时曲线一般呈微有波动舒缓波状平滑曲线，这是由于降水渗入至深部循环带的能力弱，接受降水补给量少，为稳定型。

2.3.4 岩溶地下水化学特征

岩溶水水化学成分的形成除了受所流经岩石的种类和性质影响外，还受到溶解平衡作用、氧化还原作用、界面平衡作用等化学作用的影响，水岩相互作用程度受水的温度、压力以及与固相和气相的饱和状态控制(沈照理等，1993)。不同的岩溶水类型，由于所处含水岩组岩石化学成分及水的状态(温度、压力及饱和状态)的差异形成了不同的水化学特征及本底值，同时受到地形地貌、地质构造、水动力条件以及人为因素的影响，表现出水化学类型的区域性特征。因此，地下水化学组成记录和反映了地下水的形成条件及成因，研究和分析了地下水化学组成特征及相互关系，对分析贵州省岩溶地下水的形成和动态，以及地下水资源利用等具有重要的意义。

贵州岩溶水总体上呈无色、无味、透明、清澈状，水温一般为 16～18℃。碳酸盐岩中不同的含水介质为地下水的赋存、运移提供了差异较大的水动力条件，导致水与岩石之间离子吸附、交换的能力不同，形成不同的水化学类型。

根据 2007～2011 年贵州省找水打井工程的 1039 件水质分析资料统计，贵州地下水化学类型主要为重碳酸钙镁型(HCO_3-Ca·Mg)、重碳酸钙型(HCO_3-Ca)和重碳酸硫酸钙镁型(HCO_3·SO_4-Ca·Mg)为主，这三种类型占统计总数的 92.2%，其次是重碳酸硫酸钙型(HCO_3·SO_4-Ca)，占统计总数的 4.81%，其他类型统计总数的 2.98%(图 2.13)。

图 2.13　贵州省岩溶地下水水化学类型比例饼图

　　石灰岩溶洞-管道水，主要赋存于石炭系、二叠系下统、三叠系下统、中统等石灰岩含水岩组中，且分布于黔西、黔南及黔北斜坡地带，地下水径流迅速，水岩作用不够充分，加之石灰岩比溶蚀度大（CaO/MgO 值大于 10），CaO 能够促进溶蚀作用，使得水中 Ca、Mg 离子含量增加，多形成 HCO_3-Ca·Mg 型水（表 2.7），矿化度平均为 0.2g/L，为低矿化度水，pH 值 6.8～7.5，总硬度 150～250mg/L（以 $CaCO_3$ 计）。

　　溶孔-溶隙水主要赋存于震旦系灯影组、寒武系娄山关群、三叠系安顺组和关岭组等白云岩含水岩组中。地形上多处于地形平缓区域，如黔北、黔东北、黔中、黔西南等地。水动力循环较弱，水能够与岩石进行充分的离子交换、吸附等作用，使得水中含盐量增加，pH 值 7.0～8.0，总体硬度 250～350mg/L（以 $CaCO_3$ 计），矿化度 0.3～0.9mg/L，以 HCO_3-Ca·Mg 及 HCO_3·SO_4-Ca·Mg 型水为主（表 2.7）。当含水岩组夹膏岩层时，水的硬度急剧增大，可达 1000mg/L（以 $CaCO_3$ 计），矿化度大于 1mg/L，为高硬度、中等矿化度水。

表 2.7　贵州省岩溶地下水含水岩组与地下水类型相关关系统计表

地层	H-C·M	H-C	H·S-C·M	H·S-C	H-N·C	S-C	S-C·M	H-N	H-M	H·S-N·C·M	合计
T2-3g	1			3							4
T2y	21	2	3	1							27
T2g	109	9	40	10		1	10				179
T1-2a	14	5		2							21
T1m	21	21	8	7	1	1	1	1			61
T1yn	40	7	9	3			2				61
T1y	7	12	2	5							26
T1d	4	4		2					1		11
P3β				1							1
P3w+c		4	2	1							7
P2q+m	7	17	3	11				1			39
P2h			1	1							2
C2h-m	2	10									12
C1b	5	1	3								9
D3y	5			1							6
D3w	13	2	4								19
D3gp	9			1							10
D2d	4		2		1						7

续表

地层	H·C·M	H·C	H·S·C·M	H·S·C	H·N·C	S·C	S·C·M	H·N	H·M	H·S·N·C·M	合计
O₁t+h	9	1					2				12
Є₂₋₃ls	386	7	14				3	1	2	1	414
Є₂g	76	1	1	2							80
Є₁q	16	3									19
Є₁n	1		1								2
Zbd	4		1								5
合计	754	108	96	50	3	3	18	4	2	1	1039

注: H·C·M 代表 HCO_3-Ca·Mg 型水，H·C 代表 HCO_3-Ca 型水，H·S·C·M 代表 HCO_3·SO_4-Ca·Mg 型水，H·S·C 代表 HCO_3·SO_4-Ca 型水，H·N·C 代表 HCO_3-Na·Ca 型水，S·C 代表 SO_4-Ca 型水，S·C·M 代表 SO_4-Ca·Mg 型水，H·N 代表 HCO_3-Na 型水，H·M 代表 HCO_3-Mg 型水，H·S·N·C·M 代表 HCO_3·SO_4-Na·Ca·Mg 型水。

(1) HCO_3-Ca 型水。主要分布在以灰岩为主的地层中，含此类地下水的地层有三叠系茅草铺组、夜郎组，以及二叠系栖霞-茅口组和石炭系黄龙-马平群。空间分布上，HCO_3-Ca 型水主要分布在独山-龙路-平坝-兴仁一线以南、赫章-威宁、道真-遵义以及凤岗-务川-印江一带地区(图 2.14)，总面积约 4.58 万 km²。

(2) HCO_3-Ca·Mg 型水。该类型水在贵州岩溶区分布面积最广，主要分布在白云岩或白云质灰岩地层中，集中分布在黔西南、黔中以及黔东北地区(图 2.14)，总面积约 9.06 万 km²。含此类地下水的地层主要有三叠系杨柳井组、关岭组、安顺组、永宁镇组以及寒武系娄山关群和高台组，占统计总数的 85.7%。

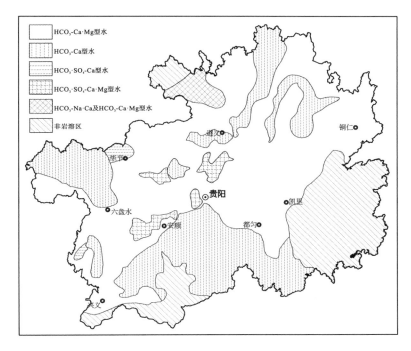

图 2.14 贵州省岩溶地下水水化学类型分布图

（3）$HCO_3 \cdot SO_4$-Ca 和 $HCO_3 \cdot SO_4$-Ca·Mg 型水。零星分布于黔中、黔西北以及黔西南地区（图 2.14），总面积约 0.53 万 km^2。在各类地层中均有少量分布。该类型地下水与含硫铁矿和含硫石膏地层有一定相关性，如黔西-大方和毕节地区地龙潭组地层，安顺-六枝和盘州一带的关岭组含硫石膏层；除此之外，与矿业活动有关，如息烽-开阳一带的采矿活动。

（4）HCO_3-Na·Ca 型水。主要分布于黔北桐梓-习水地区（图 2.14），此类水与侏罗系碎屑岩分布有关，分布面积约 0.33 万 km^2。

第3章 岩溶地下水系统

地下水系统是由若干个具有一定独立性而又相互有联系、相互影响的不同等级的亚系统或次系统所组成，其包含地下水含水系统和地下水流动系统。地下水含水系统即地下水系统的结构，它是岩溶含水岩组与隔水层的有机组合；地下水流动系统是指从源到汇的流面群构成的，具有统一时空演变过程的水体。

3.1 岩溶地下水系统分类

目前，国内外均没有明确的岩溶地下水系统分类方案，在其划分的研究上，我国岩溶水文地质工作者开展了一些研究，韩行瑞(2015)将国内外岩溶水系统分为岩溶裂隙泉、岩溶管道泉和地下河系统三大类；王明章等(2015)根据地下水的赋存、水动力条件及排泄方式，将贵州省的岩溶地下水单元划分为表层带岩溶水系统、集中排泄岩溶水系统和分散排泄岩溶水系统三种。

根据岩溶地下水的出露条件和排泄方式，结合前人的总结研究，本书将贵州省岩溶地下水系统划分为地下河系统、分散排泄系统和岩溶大泉系统三类。这种分类既能体现岩溶地下水系统的含水介质、水流特征，又能在一定程度上反映地下水的水化学特征、调蓄能力等。

地下河系统是由地下河的干流及其支流组成的具有统一边界条件和汇水范围的岩溶地下水系统，具有紊流运动特征，动态变化受当地大气降水影响明显。该类系统在贵州主要分布在山地斜坡和深切河谷斜坡地带，其特点为含水岩组岩性以石灰岩为主，含水空间主要为溶蚀裂隙、洞穴及管道组合，是一种地下水"集中径流、集中排泄型"的地下水系统。

分散排泄系统的含水岩组岩性多以白云岩为主，其次为含泥质、硅质等的不纯碳酸盐岩，地下水赋存和运移的空间主要为规模较小的孔洞和裂隙，并多形成网络状。地下水在系统中具有呈分散状径流、岩层含水性相对均匀并以分散状排泄的主要特点。

岩溶大泉系统是指以岩溶裂隙-岩溶管道为主的岩溶含水层集中出露的泉水。该类系统含水层岩性既有灰岩，也有白云岩，含水介质总体上介于"地下河系统"和"分散排泄系统"之间，具有岩溶裂隙和岩溶管道双重介质的特性。此类系统的泉域中，岩溶管道系统成为汇流、排泄含水层中地下水的主要通道，在丰水期管道水流多呈紊流，在枯水期也可能为层流状态；岩溶裂隙则主要控制补给区和径流区的地下水运移。

3.2 贵州岩溶地下水系统划分

区内地下水的径流与排泄严格受到地表水文网的控制，在局部上则受地质结构的制约。因此，岩溶地下水流域与地表水流域具有相对的一致性。在岩溶流域划分上，以水利电力部门的四级流域干流作为排泄基准面，四级构造单元的次一级构造为地下水系统构架，进行系统划分。岩溶地下水系统进行划分时，遵循以下原则：水文边界，包括地下水分水岭、地表水分水岭、构成当地地下水排泄基准面的地表河流；地质边界，主要是以区域地质构造单元为研究单元，其中包含了相对隔水的碎屑岩边界和相对隔水断裂构造边界；在水文边界和地质边界冲突时，以地质边界为主。

3.2.1 岩溶流域划分结果

在长江流域和珠江流域两大一级流域的基础上，结合水文地质条件，在贵州省岩溶区共划分出 2 个一级流域、6 个二级流域、11 个三级流域、41 个四级流域（表 3.1）。

表 3.1 贵州省四级岩溶流域统计表

一级流域名称	二级流域名称	三级流域名称	四级流域 名称	面积/km²
长江 流域	金沙江石鼓以下	金沙江石鼓以下	牛栏江	1946.02
			横江	3010.21
	宜宾至 宜昌	赤水河	赤水河茅台以上	3878.02
			桐梓河	3302.05
			赤水河茅台以下	4349.65
		宜宾至宜昌干流	綦江区	2099.90
	乌江	思南以上	阳长以上	2734.83
			阳长至鸭池河干流	4644.81
			白浦河	2230.82
			六冲河	8001.36
			鸭池河至构皮滩干流	6034.38
			野济河－偏岩河	4429.84
			猫跳河	3199.35
			南明河	2200.71
			清水河干流	4354.54
			余庆河－石阡河	3640.15
			湘江新区	4907.50
			构皮滩至思南干流	4099.08
		思南以下	思南至省界干流	5308.85
			洪渡河	4241.76
			芙蓉江	6873.77

续表

一级流域名称	二级流域名称	三级流域名称	四级流域	
			名称	面积/km^2
长江流域	洞庭湖水系	沅江浦市镇以上	施洞以上	6051.24
			施洞至锦屏	7434.15
			锦屏以下渠水	4699.50
			舞阳河	6419.36
			锦江	4203.86
		沅江浦市镇以上	松桃河	1494.13
珠江流域	南北盘江区	南盘江	黄泥河	1425.10
			马别河	2965.40
			南盘江干流	3474.95
		北盘江	大渡口以上	2749.79
			打帮河	2953.04
			麻沙河	1443.57
			大田河	2351.59
			北盘江中下游	11426.34
	红柳江区	红水河	红水河上游	2379.68
			蒙江	8605.80
			六硐河	4841.55
			打狗河	4170.03
		柳江	都柳江、榕江以上	6516.23
			都柳江、榕江以下	5074.14
合计	6	11	41	176167.04

3.2.2 岩溶地下水系统划分结果

依据划分原则,贵州省岩溶地下水系统划分出 165 个(表 3.2、图 3.1)。其中,地下河系统和岩溶大泉系统分别为 79 个和 38 个,占地下水系统总数的 70.9%,二者系统面积 86594.76km^2,占贵州省面积的 49.15%(表 3.2)。

表 3.2   贵州省地下水系统划分结果统计表

流域		地下河系统	岩溶大泉系统	分散排泄系统	小计	碎屑岩区	合计
长江流域	个数/个	44	26	27	97	3	100
	面积/km^2	37704.31	18728.63	43905.73	100338.7	15475.62	115814.28
珠江流域	个数/个	35	12	21	68	5	73
	面积/km^2	25344.91	4816.92	16771.34	46933.17	13419.55	60352.72
合计	个数/个	79	38	48	165	8	173
	面积 km^2	63049.21	23545.55	60677.07	147271.8	28895.16	176167.00
	%	35.79	13.37	34.44	83.60	16.40	100.00

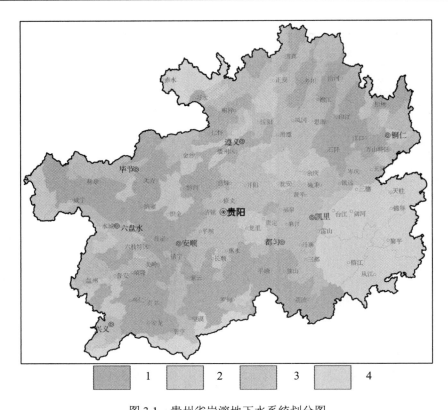

图 3.1　贵州省岩溶地下水系统划分图

1.地下河系统；2.岩溶大泉系统；3.分散排泄系统；4.非岩溶区

　　从划分结果来看，地下河系统主要分布在贵州的中西部、南部地区，其主要由三叠系、二叠系及石炭系的灰岩和白云岩含水岩层组成，地形地貌上处于威宁一级高原台面向贵阳-安顺二级高原台面过渡的斜坡地带上。根据岩溶地下水系统空间分布，结合地质、地形地貌等因素分析，可以看出地层岩性是岩溶地下河系统形成的基础条件，而地形地貌是其形成的控制因素之一。

　　岩溶大泉在贵州省内分布较零散，但从发育规律来看，其主要分布于三叠系和二叠系灰岩和白云岩地层中，空间分布上主要位于斜坡地带。

　　分散排泄系统主要分布在贵州的中部和东部地区，含水岩组主要由寒武系、三叠系白云岩组成，地形地貌上处于贵阳-安顺二级高原台面上。

3.3　典型岩溶地下水系统

　　不同类型的岩溶地下水系统，地下水赋存情况、调蓄能力等方面均有很大差异，本节选取具有代表性的地下水系统进行分析(图 3.2)，以研究不同地下水系统的赋存条件和特征。

表 3.3 贵州省岩溶区地下水系统特征统计表

所属岩溶流域		地下水系统名称	类型	面积/km²	主要岩溶含水岩组	主要岩性	水文地质特征			地质构造
一级	四级						地下水类型	地下河数量/条	岩溶大泉数量/(流量>10L/s)	
赤水河茅台以下	赤水河茅台以下	习水	A	802.86	$T_{1\text{-}2}j$、$P_2q\text{-}m$	灰岩	裂隙-溶洞水、溶洞-管道水	7	3	太平渡向斜
	赤水河茅台以下	吼滩坝	B	199.03	T_2g、$T_{1\text{-}2}j$、$P_2q\text{-}m$、O、$\in$	灰岩、白云岩	裂隙-溶洞-管道水、溶洞-溶隙水	1	9	桑木场背斜
长江	桐梓河	桑木场	B	518.18	$P_2q\text{-}m$、O、$\in$	白云岩	溶洞-管道水、溶孔-溶隙水	1	11	桑木场背斜
	桐梓河	九坝	C	793.64	T_2g、$T_{1\text{-}2}j$、O、$\in$	白云岩、灰岩	裂隙-溶洞水、溶洞-溶隙水	2	11	九坝背斜
	桐梓河	长岗	A	1506.48	T_2g、$T_{1\text{-}2}j$、$P_2q\text{-}m$	灰岩	裂隙-溶洞水、溶洞-管道水	14	11	长岗向斜、高桥向斜、东山背斜
	桐梓河	沙湾	C	482.61	$\in_{2\text{-}3}ls$、$\in_2g$、Z_1dy	白云岩	溶孔-溶隙水、裂隙-溶洞水	2	11	松林背斜
	湘江	松林	B	559.02	$\in_{2\text{-}3}ls$、$\in_2g$、Z_1dy	灰岩	溶孔-溶隙水	1	7	松林背斜
	綦江	夜郎坝	C	1001.05	$T_{1\text{-}2}j$、$P_2q\text{-}m$	灰岩、白云岩	裂隙-溶洞水、溶洞-管道水	6	10	夜郎坝向斜
	綦江	松坎	A	1098.01	$P_2q\text{-}m$、O、$\in$	灰岩	溶洞-管道水、裂隙-溶洞水、溶孔-溶隙水	10	8	松坎向斜
	芙蓉江	安场	C	1884.05	O、$\in$	白云岩	溶孔-溶隙水	13	19	安场复向斜
	芙蓉江	黄鱼江	B	1737.73	O、$\in$	灰岩	溶孔-溶隙水、溶洞-裂隙水	2	36	黄鱼江复背斜
	松桃河	松桃	A	1493.52	O、$\in$	灰岩	溶孔-溶隙水、溶洞-裂隙水	4	4	
	湘江	蒲老场	C	989.14	T_1y^2、$P_2q\text{-}m$、O、$\in$	白云岩、灰岩	溶洞-溶隙、溶孔-溶隙水	5	19	蒲老场复式背斜
	湘江	南白	A	314.48	T_2g、$T_{1\text{-}2}j$、T_2y^2	灰岩	裂隙-溶洞水	7	1	南白向斜
	湘江	虾子场	A	611.76	T_2g^2、$T_{1\text{-}2}j$	灰岩	裂隙-溶洞水	3	14	
	湘江	两路口	B	244.71	T_1y^2、O、$\in$	灰岩、白云岩	溶洞-溶隙水、裂隙-溶洞水	6	7	两路口复背斜
	芙蓉江	道真	A	1073.71	T_2g、$T_{1\text{-}2}j$、$P_2q\text{-}m$	灰岩	溶洞-管道水	10	11	道真向斜
	芙蓉江	土坪	C	2175.46	T_2g、$T_{1\text{-}2}j$、$P_2q\text{-}m$	灰岩	溶洞-裂隙水	9	29	土坪复向斜
	洪渡河	栗园	A	329.95	T_1y、$P_2q\text{-}m$	灰岩	溶洞-管道水、裂隙-溶洞水	3	2	栗园向斜
	洪渡河	镇南	C	1152.55	$P_2q\text{-}m$、O、$\in$	白云岩、灰岩	溶孔-溶隙水、溶洞-裂隙水	2	8	镇南背斜

所属岩溶流域 一级	所属岩溶流域 四级	地下水系统名称	类型	面积/km²	主要岩溶含水岩组	主要岩性	水文地质特征 地下水类型	地下河数量/条	岩溶大泉数量/(流量>10L/s)	地质构造
	洪渡河	务川	C	1310.9	$T_{1-2}j$, T_1y^2, $P_2q\text{-}m$, $\in$	白云岩	溶洞-裂隙水、溶孔-溶隙水	2	10	务川向斜、楠杆背斜
	湘江	湄潭	C	2186.4	$T_{1-2}j$, T_1y^2, $P_2q\text{-}m$, $\in$	灰岩、白云岩	溶洞-裂隙水、溶孔-溶洞水	6	18	湄潭复式背斜、徐阳坝向斜
	思南-省界干流	德江	A	1881.23	$T_{1-2}j$, T_1y^2, $P_2q\text{-}m$, $\in$	灰岩、白云岩	裂隙-溶洞水、溶孔-管道水、溶孔-溶隙水	18	20	德江复背斜
	构皮滩-思南干流	凤冈-狮子场	C	2405.01	O, $\in_{2-3}ls$	白云岩	溶孔-溶隙水、溶洞-溶隙	7	21	蜂岩背斜、黄麒田向斜、天桥向斜
	思南-省界干流	沿河	C	1262.3	$T_{1-2}j$, $P_2q\text{-}m$, $\in$	灰岩、白云岩	溶孔-溶隙水、溶洞-裂隙水	6	15	沿河背斜
	构皮滩-思南干流	许家坝	A	1153.46	$T_{1-2}j$, $P_2q\text{-}m$, $\in_{2-3}ls$, $\in_2g$	灰岩	裂隙-溶洞水、溶孔-管道水	11	4	许家坝向斜
	思南-省界干流	印江	A	780.14	$T_{1-2}j$, T_1y^2, $P_2q\text{-}m$, O, $\in$	灰岩	裂隙-溶洞水	7	8	樵家铺向斜
	思南-省界干流	天堂	A	565.9	$T_{1-2}j$, T_1y^2, $P_2q\text{-}m$, O, $\in$	灰岩	裂隙-溶洞水	4	6	天堂背斜
长江	思南-省界干流	公岭	B	341.06	O, $\in$	白云岩、灰岩	溶孔-溶隙水、溶洞-裂隙水	2	5	
	思南-省界干流	木黄	B	432.28	O, $\in$	白云岩	溶洞-溶隙水	2	6	
	构皮滩-思南干流	赵家坝	A	606.77	$T_{1-2}j$, $P_2q\text{-}m$, O, $\in$	灰岩、白云岩	裂隙-溶洞水、溶孔-溶隙水	3	11	塘头向斜、大尧寨向斜、向家寨向斜
	余庆-石阡河	塘头	A	749.99	$T_{1-2}j$, $P_2q\text{-}m$, $\in_{2-3}ls$, $\in_2g$, $\in_2q$	灰岩、白云岩	裂隙-溶洞水、溶洞-管道水、溶孔-溶隙水	4	10	塘头向斜
	余庆-石阡河	石阡	A	1276.25	$T_{1-2}j$, $P_2q\text{-}m$, $\in_{2-3}ls$, $\in_2g$, $\in_2q$	灰岩、白云岩	裂隙-溶洞水、溶孔-管道水、溶孔-溶隙水	9	13	大尧寨向斜、向家寨向斜
	余庆-石阡河	石固	B	49.33	$\in_{2-3}ls$, $\in_2g$, $\in_2q$	灰岩	溶孔-溶隙水、溶洞-裂隙	4	8	
	锦江	凯德场	A	950.63	$\in$	白云岩	溶孔-溶隙水、裂隙-溶洞	9	7	
	锦江	江口-兼英	C	550.85	$\in$	白云岩、灰岩	溶孔-溶隙水、裂隙-溶洞	1	3	
	锦江	兼英	B	386.97	$\in$	白云岩	溶孔-溶隙水、裂隙-溶洞	3	7	
	锦江	铜仁	C	1632.23	O, $\in$	灰岩	溶孔-溶隙水、溶洞-裂隙	1	6	

续表

所属岩溶流域		地下水系统名称	类型	面积/km²	主要岩溶含水岩组	主要岩性	水文地质特征			地质构造
一级	四级						地下水类型	地下河数量/条	岩溶大泉数量/(流量>10L/s)	
	洪渡河	务川	C	1310.9	$T_{1-2}j$, T_1y^2, P_2q-m, O、€	白云岩、灰岩	溶隙-裂隙水、溶孔-溶隙水	2	10	务川向斜、楠杆背斜
	锦江	谢桥	B	681.47	O、€	白云岩、灰岩	溶孔-溶隙、溶洞-裂隙	1	3	
	牛栏江	大极	B	1945.23	P_2q-m, C	灰岩、白云岩	裂隙-溶洞水、溶洞-管道水、溶洞-裂隙水	5	6	尖山坡背斜、大极背斜
	横江	云贵	A	1110.51	P_2q-m, C	灰岩、白云岩	溶洞-裂隙水、溶洞-管道水	7	6	云贵背斜、灼圃背斜
	横江	威宁	A	1206.91	T_2g^2, $T_{1-2}j$, P_2q-m, C	灰岩	溶洞-裂隙水、裂隙-溶洞水	5	14	三道河向斜
	横江	可乐-妥古	C	691.93	$T_{1-2}j$, P_2q-m, C_3mp	灰岩、白云岩	溶洞-裂隙水、溶洞-管道水	2	6	妥古向斜
	六冲河干流	毕节-赫章	C	2047.58	T, P_2q-m, $€_{2-3}ls$	白云岩、灰岩	裂隙-溶洞水、溶孔-溶隙水	4	13	
	六冲河干流	妈姑	A	479.81	P_2q-m, C	灰岩、白云岩	溶洞-裂隙水、溶洞-管道水	4	5	
	阳长以上	锅厂	A	909.39	P_2q-m, C	灰岩、白云岩	溶洞-裂隙水、溶洞-管道水	3	4	石关背斜-锅厂穹隆
	六冲河干流	二台坡	A	575.85	$T_{1-2}j$, P_2q-m	灰岩、白云岩	溶洞-裂隙水、溶洞-管道水	6	8	二台坡背斜
	阳长以上	水城	A	1832.78	T_2g^2, $T_{1-2}j$, T_1y^2, P_2q-m, C	灰岩、白云岩	裂隙-溶洞水、溶洞-溶隙水、溶洞-管道水	4	18	
长江	赤水河茅台以上	赤水河	A	1125.84	$T_{1-2}j$, P_2q-m	灰岩	裂隙-溶洞水、溶洞-管道水	6	11	赤水河背斜
	白甫河	龙官	A	233.47	P_2q-m, €	灰岩、白云岩	溶洞-裂隙水、溶孔-溶隙水	2	5	黄泥冲背斜
	白甫河	海子街-长春堡	C	399.79	T_2g^2, T_1y^2, P_2q-m, €	灰岩、白云岩	溶洞-裂隙水、管道-溶洞水	0	8	
	白甫河	营盘	A	1235.47	T_2g^2, $T_{1-2}j$, T_1y^2	灰岩、白云岩	裂隙-溶洞水、溶洞-管道水	3	21	营盘山向斜-维新背斜
	六冲河干流	威冲	B	562.88	T_2g^2, $T_{1-2}j$, P_2q-m	灰岩、白云岩	溶洞-裂隙水、溶洞-管道水	6	10	威冲向斜
	六冲河干流	维新	A	317.8	P_2q-m	灰岩	溶洞-管道水	3	8	维新背斜
	六冲河干流	沙包	A	1082.23	T_2g^2, $T_{1-2}j$, T_1y^2, P_2q-m	灰岩、白云岩	溶洞-裂隙-溶洞水、溶洞-管道水	1	8	沙包向斜

续表

所属岩溶流域		地下水系统名称	类型	面积/km²	主要岩溶含水岩组	水文地质特征		地下河数量/条	岩溶大泉数量/(流量>10L/s)	地质构造
一级	四级					主要岩性	地下水类型			
长江	阳长-鸭池河干流	百兴-三塘	A	1355.34	$T_{1-2}j$、T_1y^2、P_2q-m	灰岩、白云岩	裂隙-溶洞水、溶洞-管道水	8	17	百兴向斜、三塘向斜
	阳长-鸭池河干流	堕却	B	287.16	P_2q-m、C	灰岩、白云岩	裂隙-溶洞水、溶洞-管道水	2	9	堕却背斜
	赤水河茅台以上	中普	C	1922.06	$T_{1-2}j$、P_2q-m、$\epsilon_{2-3}ls$	灰岩、白云岩	裂隙-溶洞水、溶洞-管道水、溶孔-溶隙水	4	12	中普向斜
	白甫河	石关	A	361.19	T_1y^2、P_2q-m	灰岩	溶洞-管道水、裂隙-溶洞水	4	3	石关背斜-锅厂弯隆
	六冲河干流	朱仲河	A	80.33	$T_{1-2}j$、T_1y^2	灰岩、白云岩	裂隙-溶洞水、溶洞-裂隙水	3	2	新场向斜
	六冲河干流	启化	A	296.35	T_1y^2、P_2q-m	灰岩	溶洞-管道水、裂隙-溶洞水	2	2	启化-田坝背斜
	六冲河干流	新场	B	1089.84	$T_{2-3}f$、T_2y、T_2g^2、$T_{1-2}j$、T_1y^2	灰岩、白云岩	溶洞-裂隙水、裂隙-溶洞水	5	8	新场向斜
	六冲河干流	岩口	B	379.66	P_2q-m、Z_2dy	灰岩、白云岩	裂隙-溶洞水、溶洞-溶隙水	2	5	
	六冲河干流	羊场	A	98.49	T_2g^2、$T_{1-2}j$、T_1y^2、P_2q-m	灰岩、白云岩	裂隙-溶洞水、溶洞-管道水	7	2	羊场向斜
	六冲河干流	织金	B	978.84	T_2g^2、$T_{1-2}j$、T_1y^2、P_2q-m、Z_2dy	灰岩、白云岩	裂隙-溶洞水、溶洞-裂隙水、溶洞-管道水	7	11	织金向斜
	阳长-鸭池河干流	熊家场	A	815.89	T_1d、P_2q-m、C	灰岩、白云岩	溶洞-管道水、裂隙-溶洞水	5	6	织孔向斜、大坡背斜
	阳长-鸭池河干流	普定	A	870.07	T_2g^2、$T_{1-2}j$、T_1y^2、T_1d	灰岩、白云岩	裂隙-溶洞水、溶洞-管道水	3	10	普定向斜
	赤水河茅台以上	中枢北翼	A	828.54	$T_{1-2}j$、P_2q-m、$\epsilon_{2-3}ls$、ϵ_2q	灰岩	裂隙-溶洞水、溶洞-管道水	9	9	
	野纪河-偏岩河	岩孔	B	628.51	$\epsilon_{2-3}ls$、ϵ_2g、Z_2dy	白云岩、灰岩	溶洞-管道水、溶洞-溶隙水	3	6	岩孔背斜
	野纪河-偏岩河	平寨	B	719.06	P_2q-m、ϵ	灰岩、白云岩	溶洞-管道水、溶孔-溶洞水	5	4	平寨弯隆
	野纪河-偏岩河	中枢	A	539.51	T_2g、$T_{1-2}j$	灰岩	裂隙-溶洞水、溶隙-溶隙水	7	3	中枢背斜
	野纪河-偏岩河	黄泥堡	B	454.62	P_2q-m、$\epsilon_{2-3}ls$、ϵ_2g	白云岩、灰岩	溶孔-溶洞水	1	8	黄泥堡背斜

续表

所属岩溶流域		地下水系统名称	类型	面积/km²	水文地质特征					地质构造
一级	四级				主要岩溶含水岩组	主要岩性	地下水类型	地下河数量/条	岩溶大泉数量（流量>10L/s）/个	
	野纪河-偏岩河	官田	A	550.66	$T_{1-2}j$	灰岩	裂隙-溶洞水	10	1	官田向斜
	野纪河-偏岩河	革木	A	1535.69	T_2g^2、$T_{1-2}j$、T_1y^3	灰岩、白云岩	溶洞-裂隙水、裂隙-溶洞水	6	18	革木-黔西复式向斜
	鸭池河-构皮滩干流	朵朵	A	928.53	T_2g^2、$T_{1-2}j$、$\epsilon_{2-3}ls$	灰岩	裂隙-溶洞水、溶洞-管道水	12	10	朵朵坝向斜、园坡背斜
	阳长-鸭池河干流	猫场-大夫地	A	1314.46	T、P、€	灰岩、白云岩	裂隙-溶洞水、溶洞-裂隙水、溶洞-管道水	4	7	
	猫跳河	卫城-平坝	C	3196.97	T、P	灰岩、白云岩	溶洞-裂隙水、裂隙-溶洞水	7	12	
	鸭池河-构皮滩干流	息烽-开阳	C	2364.7	T_2g^2、$T_{1-2}j$、T_1y^3、P_2q-m、O、€、Z_1dy	灰岩、白云岩	裂隙-溶洞水、溶洞-裂隙水	17	12	西山向斜、洋水背斜
	清水河干流	羊昌	C	2267.34	T_1d、P_3w-c、P_2、€、Z_1dy	白云岩、灰岩	溶孔-溶洞水、裂隙-溶洞水	8	12	羊昌复背斜
	南明河	贵阳-龙岗	C	1748.4	T、P、€	灰岩、白云岩	溶洞-裂隙水、裂隙-溶洞水、溶孔-溶隙水	10	14	贵阳向斜、羊昌复背斜
	南明河	汪家大井	B	451.41	T_1、P_2q-m	灰岩	裂隙-溶洞水、溶洞-管道水	1	5	永乐向斜
	鸭池河-构皮滩干流	黄连坝	B	1907.66	T_2g^2、$T_{1-2}j$、T_1y^3、P_2q-m、O、€	灰岩、白云岩	裂隙-溶洞水、溶洞-管道水、溶孔-溶隙水	12	18	大竹背斜
	鸭池河-构皮滩干流	永兴	C	742.27	$T_{1-2}j$、P_2q-m、$\epsilon_{2-3}ls$、ϵ_2g、ϵ_2q	灰岩、白云岩	溶洞-管道水、溶孔-溶洞水	9	3	永兴向斜
	余庆-石阡河	柿坪	B	752.59	T_2g^2、$T_{1-2}j$、T_1y^3、P_2q-m、€	灰岩、白云岩	裂隙-溶洞水、溶孔-溶隙水	5	10	柿坪向斜
	余庆-石阡河	牛打场	B	843.07	$\epsilon_{2-3}ls$、ϵ_2g、ϵ_2q	灰岩	溶洞-裂隙水、溶孔-溶隙水	5	15	黄平复背斜
长江	舞阳河	龙井	A	287.04	O、$\epsilon_{2-3}ls$、ϵ_2g、ϵ_2q	白云岩、灰岩	溶洞-裂隙水、溶孔-溶隙水	4	5	笔架山背斜、龙井背斜
	舞阳河	小龙塘	A	705.71	$\epsilon_{2-3}ls$、ϵ_2g、ϵ_2q	灰岩	溶孔-溶隙、溶洞-溶隙	6	10	关寨向斜
	舞阳河	施秉-镇远	C	4510.85	$\epsilon_{2-3}ls$、ϵ_2g、ϵ_2q	白云岩、灰岩	溶洞-裂隙水、溶孔-溶隙水	8	17	笔架山背斜、龙井背斜、龙田背斜

续表

所属岩溶流域		地下水系统名称	类型	面积/km²	主要岩溶含水岩组	水文地质特征				地质构造
一级	四级					主要岩性	地下水类型	地下河数量/条	岩溶大泉数量/(流量>10L/s)	
长江	舞阳河	朱家场	B	425.77	$€_{2-3}ls$、$€_2g$、$€_2q$	白云岩、灰岩	溶洞-溶隙-溶孔-溶隙水	2	8	
	舞阳河	万山	C	487.37	$€_{2-3}ls$、$€_2g$	白云岩	溶孔-溶隙	3	6	
	清水河干流	新巴	A	340.83	T_1d、P_3w-c	灰岩	裂隙-溶洞水	3	8	
	清水河干流	龙里	B	1349.84	P_2q-m、C、D	灰岩、白云岩	裂隙-溶洞-裂隙水	6	12	龙里复背斜
	清水河干流	贵定	C	454.18	P_2q-m、C、S、D	灰岩、白云岩	裂隙-溶洞-裂隙水	4	8	贵定向斜
	施洞以上	黄丝	C	2667.92	T_2g^2、T_1d、P_2、$€$	灰岩、白云质灰岩、白云岩	溶洞-裂隙水、溶孔-溶隙水	5	12	黄丝背斜、都匀向斜、王司背斜
	清水河干流	王司	C	2578.17	C、S、D、$€$	白云岩、灰岩	溶洞-裂隙-溶隙水、裂隙-溶隙水	3	11	黄丝背斜、都匀向斜、王司背斜
	施洞以上	凯里-施洞口	B	802.7	S_{2-3}、O、$€$	灰岩	溶洞-裂隙-溶隙水、溶孔-溶隙水	5	18	施洞口断裂
珠江	大渡口以上	可渡	B	574.71	P_2q-m、C	灰岩、白云岩	裂隙-溶洞水	0	6	
	大渡口以上	树舍	C	569.08	$T_{2-3}f$、T_2g、$T_{1-2}j$	灰岩、白云岩	溶洞-裂隙水	0	8	
	大渡口以上	可渡河	B	244.43	P_2q-m	灰岩	裂隙-溶洞水	0	3	
	大渡口以上	发耳	C	441.89	P、C	灰岩、白云岩	裂隙-溶洞-裂隙水	1	3	
	北盘江中下游	沟水底	C	1908.59	T、C	灰岩、白云岩	溶洞-裂隙水	1	11	
	北盘江中下游	百打龙场	B	722.79	P_2q-m	灰岩	溶洞-管道水	0	3	
	大渡口以上	亦资孔	C	918.57	T_2y、T_2g^2、$T_{1-2}j$、P_2q-m、C	灰岩、白云岩	溶洞-裂隙水、裂隙-溶隙水	1	22	
	北盘江中下游	鸡场坪	C	283.77	T_2g^2、$T_{1-2}j$	灰岩	溶洞-裂隙水	1	2	
	北盘江中下游	乌图河	A	651.7	P_2q-m、C、D	灰岩	溶洞-裂隙-管道水	2	3	
	北盘江中下游	兔场坪	A	343.59	$T_{1-2}j$、P_2q-m	灰岩	裂隙-溶洞-裂隙水	2	4	
	北盘江中下游	茅口	B	126.57	P_2q-m、C_3mp	白云岩、灰岩	溶洞-管道水	0	4	
	打邦河	坝陵	C	320	$T_{2-3}f$、T_2g^2、$T_{1-2}j$	灰岩、白云岩	溶洞-溶隙水	0	8	

续表

所属岩溶流域（一级）	所属岩溶流域（四级）	地下水系统名称	类型	面积/km²	主要岩溶含水岩组	主要岩性	水文地质特征（地下水类型）	地下河数量/条	岩溶大泉数量/个（流量>10L/s）	地质构造
珠江	打帮河	洛别	A	434.24	T、$P_2q\text{-}m$	灰岩、白云岩	裂隙-溶洞水、溶洞-裂隙水	3	3	
	黄泥河	乐民	B	284.22	$P_2q\text{-}m$、$C_{2\text{-}3}$	灰岩	裂隙-溶洞水、溶洞-管道水	0	8	
	北盘江中下游	普安	C	813.23	T_2y、T_2g^2、$T_{1\text{-}2}j$、$P_2q\text{-}m$、C	白云岩、灰岩	溶洞-裂隙水、溶洞-溶洞水、溶孔-溶隙水	1	8	
	北盘江中下游	木龙	B	238.28	$P_2q\text{-}m$、C、D	灰岩、白云岩	溶洞-裂隙水、溶洞-溶洞水、溶孔-溶隙水	1	2	
	黄泥河	归顺	B	275.7	$P_2q\text{-}m$、$C_{2\text{-}3}$	灰岩、白云岩	裂隙-溶洞水、溶洞-管道水	2	6	
	马别河	猪场河	A	356.6	$T_{1\text{-}2}j$、$P_2q\text{-}m$	灰岩	裂隙-溶洞水、溶洞-管道水	1	3	
	黄泥河	响场河	A	107.33	T_2y、T_2g^2、$T_{1\text{-}2}j$	灰岩、白云岩	裂隙-溶洞水、溶洞-溶洞水	2	5	
	马别河	保田	A	185.27	$T_{1\text{-}2}j$	灰岩	裂隙-溶洞水、溶洞-裂隙水	1	8	
	黄泥河	阿依	A	62.34	$T_{1\text{-}2}j$	灰岩	裂隙-溶洞水、溶洞-溶洞水	2	2	
	马别河	雪甫	B	431.57	T_2y、T_2g^2、$T_{1\text{-}2}j$	白云岩、灰岩	溶洞-裂隙水、溶洞-溶洞水、溶孔-溶隙水	1	6	
	马别河	石桥河	A	148.64	T_2g^2、$T_{1\text{-}2}j$	灰岩	裂隙-溶洞水、溶洞-裂隙水	3	5	
	马别河	万屯	B	885.17	T_2y、T_2g^2、$T_{1\text{-}2}j$	白云岩、灰岩	裂隙-溶洞水、溶孔-溶隙水、裂隙水	1	28	
	北盘江中下游	西泌	C	1033.88	T_2y、T_2g^2、$T_{1\text{-}2}j$、$P_2q\text{-}m$	白云岩、灰岩	溶孔-溶隙水、溶洞-溶洞水、溶洞-管道水	5	8	
	麻沙河	龙摆尾	A	258.69	T_2g^2、$T_{1\text{-}2}j$、T_1y^2、P_2m	灰岩	溶洞-管道水、裂隙-溶洞水	1	14	
	麻沙河	水鸭	A	566.66	T_2g^2、$T_{1\text{-}2}j$、T_1y^2、P_2m	灰岩	溶洞-管道水、溶洞-溶洞水	1	12	
	麻沙河	公德	A	617.62	T_2y、T_2g^2、$T_{1\text{-}2}j$、T_1y^2	灰岩、白云岩	溶洞-溶洞水、溶洞-管道水	3	18	
	北盘江中下游	梭江	A	575.6	T_2y、T_2g^2、$T_{1\text{-}2}j$、T_1y^2	灰岩、白云岩	裂隙-溶洞水、溶洞-裂隙水	5	4	
	打邦河	断桥	A	210.95	T_2g^2、$T_{1\text{-}2}j$	灰岩	裂隙-溶洞水、溶洞-裂隙水	2	9	

续表

所属岩溶流域		地下水系统名称	类型	面积/km²	主要岩溶含水岩组	水文地质特征		地下河数量/条	岩溶大泉数量/(流量>10L/s)	地质构造
一级	四级					主要岩性	地下水类型			
	打邦河	打邦河	A	579.99	T	灰岩、白云岩	裂隙-溶洞水、溶洞-溶隙水、溶孔-溶隙水	3	5	
	北盘江中下游	顶坛	C	162.49	T_2y、T_2g^2	白云岩	溶孔-溶隙水、溶洞-裂隙水	1	3	
	打邦河	安西	A	172.28	T_2y、T_2g^2、$T_{1-2}a$	白云岩、灰岩	溶洞-裂隙水、溶孔-溶隙水	2	8	
	打邦河	镇宁	C	143.3	T_2g^2、$T_{1-2}a$	白云岩、灰岩	溶洞-裂隙水	0	5	
	打邦河	王二河	A	859.56	T_2g^2、$T_{1-2}a$、P_3w-c、P_2q-m	灰岩、白云岩	溶洞-管道水、溶洞-裂隙水	3	6	
	打邦河	白水河	C	231.51	T	碎屑岩、白云岩	碎屑岩类基岩裂隙水、溶洞-裂隙水	2	5	
	北盘江中下游	北盘江下游	C	2559.66	T	碎屑岩、白云岩	碎屑岩类基岩裂隙水、溶洞-裂隙水	2	8	
	北盘江中下游	哑咓-马坡	A	437.43	P_3w-m、P_2q-m、C	灰岩	溶洞-管道水、裂隙-溶洞水	3	5	
珠江	蒙江	杨武	C	914.35	P、C、D	灰岩、白云岩	溶洞-裂隙水、溶洞-溶隙水	2	5	
	蒙江	格必河	A	1728.28	P、C、D	灰岩、白云岩	溶洞-裂隙水、溶洞-溶隙水	3	2	
	蒙江	长顺	C	372.44	C、D	灰岩、白云岩	裂隙-溶洞水、溶洞-溶隙水	2	8	
	蒙江	涟江上游	C	1391.03	P、C、D	灰岩、白云岩	溶洞-裂隙水、溶洞-溶隙水	4	14	
	蒙江	甲戎	A	839.88	C	灰岩、白云岩	裂隙-溶洞水、溶洞-溶隙水	4	3	
	蒙江	大小井	A	1501.18	T、P_3w-c、P_2q-m、C	灰岩、白云岩	溶洞-管道水、裂隙-溶洞水	2	18	
	六硐河	曹渡河上游	C	687.28	T、P、D	灰岩、白云岩	溶洞-裂隙水、溶洞-溶隙水	4	10	
	六硐河	曹渡河中下游	A	1344.72	P、C、D	灰岩、白云岩	溶洞-裂隙水、裂隙-溶洞水	5	9	
	黄泥河	雄武	C	246.26	T_2y、T_2g^2、T_2h、T_2p、$T_{1-2}a$、$T_{1-2}j$、P_2q-m	白云岩、灰岩	裂隙-溶隙水、溶洞-溶隙水	0	3	
	黄泥河	棒鲜	B	448.66	T_2y、T_2g^2、T_2h、$T_{1-2}a$	白云岩、灰岩	裂隙-溶隙水、溶孔-溶隙水	0	10	

续表

所属岩溶流域 一级	所属岩溶流域 四级	地下水系统名称	类型	面积/km²	主要岩溶含水岩组	主要岩性	水文地质特征 地下水类型	水文地质特征 地下河数量/条	水文地质特征 岩溶大泉数量(流量>10L/s)	地质构造
	马别河	兴义	C	956.94	T_2y、T_2g^2	白云岩	溶孔-溶隙水、溶洞-裂隙水	0	25	
	南盘江干流	泥达	B	100.33	T_2g^2	灰岩	裂隙-溶洞水、溶洞-裂隙水	0	3	
	南盘江干流	天生桥	A	263.42	T_2y、T_2g^2、T_2h、$T_{1-2}a$、$T_{1-2}j$	白云岩、灰岩	溶孔-溶隙水、裂隙-溶洞水、溶洞-裂隙水	1	3	
	南盘江干流	长田-八坎-屯脚	A	890.18	T_2y、T_2g^2、T_2h、$T_{1-2}a$、$T_{1-2}j$	白云岩、灰岩	裂隙-溶洞水、溶孔-溶洞水、溶洞-裂隙水	5	15	
	大田河	四方洞	A	1281.31	$T_{2-3}f$、T_2y、T_2g^2、T_2p、$T1-2a$	灰岩、白云岩	溶孔-溶洞水、溶洞-裂隙水	1	15	
	大田河	者塘	A	238.7	T_2y、T_2g^2、T_2p	灰岩、白云岩	裂隙-溶洞水、溶洞-裂隙水	3	5	
	北盘江中下游	那郎电站	A	449.99	T_2y、T_2g^2、T_2p、$T_{1-2}a$、T_1y^2	灰岩、白云岩	裂隙-溶洞水、溶洞-裂隙水	1	16	
	大田河	洛帆	A	830.62	T_2y、T_2g^2、T_2p、P_3w、P_2q-m	灰岩、白云岩	溶洞-管道水、裂隙-溶洞水、溶洞-裂隙水	2	5	
珠江	北盘江中下游	播东-望谟	A	1114.11	T、P	碎屑岩、灰岩	裂隙-溶洞水、碎屑岩类基岩裂隙水	2	1	
	红水河上游	述里	A	1081.8	T、P、C	碎屑岩、灰岩	碎屑岩类基岩裂洞水、裂隙-溶洞水	1	1	
	蒙江	从里	A	260.66	P、C	灰岩、白云岩	溶洞-管道水、裂隙-溶洞水、溶洞-裂隙水	2	3	
	蒙江	边阳-罗化	A	481.26	T2	灰岩	裂隙-溶洞水、溶洞-裂隙水	2	4	
	蒙江	涟江下游	C	628.76	T、P、C、D	灰岩、白云岩	溶洞-溶洞水、裂隙-溶洞水、溶洞-管道水	3	7	
	蒙江	罗甸-沫阳	B	484.47	P、C	灰岩、白云岩	裂隙-溶洞水、溶洞-裂隙水	0	10	
	六硐河	六硐河	A	2807.56	T、P、C、D	灰岩、白云岩	裂隙-溶洞水、溶洞-溶管水、溶洞-裂隙水	6	9	
	打狗河	地峨大河	A	1655	P、C、D	灰岩、白云岩	溶洞-管道水、裂隙-溶洞水、溶洞-裂隙水	3	5	

续表

所属岩溶流域		地下水系统名称	类型	面积/km²	主要岩溶含水岩组	主要岩性	水文地质特征			地质构造
一级	四级						地下水类型	地下河数量/条	岩溶大泉数量/(流量>10L/s)	
珠江	都柳江、榕江以上	都柳江上游	C	1682.61	P、C、D	灰岩、白云岩	溶洞-裂隙水、裂隙-溶洞水	3	16	
	打狗河	周覃	C	505.67	C、D	灰岩、白云岩	溶洞-裂隙水、裂隙-溶洞水	1	6	
	打狗河	打狗河	A	853.57	P、C、D	灰岩、白云岩	溶洞-管道水、溶洞水、裂隙-溶洞水、溶洞-裂隙水	0	4	
	打狗河	茂兰	A	1154.1	P、C	灰岩、白云岩	溶洞-管道水、裂隙-溶洞水、溶洞-裂隙水	4	2	

注: A 为地下河系统; B 为岩溶大泉系统; C 为分散排泄系统。

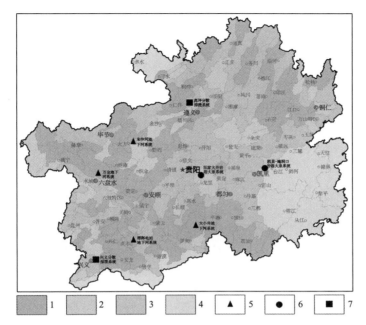

图 3.2   典型地下水系统位置图

1.地下河系统；2.岩溶大泉系统；3.分散排泄系统；4.碎屑岩区；5.典型地下河系统；
6.典型岩溶大泉系统；7.典型分散排泄系统

3.3.1   地下河系统

地下河系统是贵州省岩溶地下水系统的主要类型，主要分布于石灰岩分布的高原斜坡和深切河谷斜坡地带。地下河系统主要以岩溶管道为地下水的径流、排泄通道，其三维空间比较复杂，空间形态和水力特征差异性较大。据统计，省区地下河系统共 79 个、系统面积 63049.21km^2，占贵州省面积的 35.79%。

地下河的形态类型有单一管道状、羽状、树枝状和网络状。贵州省地下河系统主要发育在以灰岩为主的含水岩组中，含水介质空间形态组合类为溶洞-管道、裂隙-溶洞，富水性极不均匀，地下水动态变幅大。纵观岩溶地区地下河系统，其具备如下基本特征：①可溶岩、构造断裂是形成地下通道的基本条件，是地质历史时期中地下水沿裂隙、断裂节理运动，对岩石进行溶蚀改造的结果，因此，地下河发育规模、展布格局受岩性、构造、地形、地貌等制约。②具有一定的汇水面积，构成一个完整的水文地质单元。地下河流域区内，岩溶发育，地表多见落水洞，岩溶洼地、竖井、天窗，地下河入口为地下河的补给通道，并呈串珠状排列，显示地下河存在，在一定程度反映了地下河分布的轨迹。

1.大小井地下河系统

1）基本概况

位于贵州省南部的罗甸县沫阳西北，发育于高坡场背斜核部，由北而南径流，由大井水系和小井水系构成，包含支流伏流 38 条，明流、伏流交替出现，流域汇水面积 2032km^2，2001 年 3 月枯季测流 5.3m^3/s，为典型的树枝状、网格状地下河系统。该地下河系统为贵州最大的地下河系统，由大井子系统和小井子系统组成。

2) 岩溶地下水系统边界

在区域流域隶属关系上，大小井流域为珠江水系四级流域单元。区内地下水的径流方向受地表水文网以及地质结构的控制，其边界表现形式有地表分水岭、地下分水岭和断裂构造三种。

大小井流域东侧以石炭系大塘组一段碎屑岩形成的侵蚀低中山所构成的摆朗河与曹渡河之间的地表分水岭为界；西侧边界则较为复杂，上游的洗马塘-大华段为地下分水岭，大华-大保寨段为摆朗河与涟江的地表分水岭；流域下游的扳傲-令当段边界为边阳压扭性断裂；北侧边界为长江与珠江两大水系的分水岭；南侧为大小井地下河排泄带。

3) 岩溶地下水系统特征

大井子系统是以摆郎河为主干的明暗转换的地下河系，含地下河伏流 26 条，全长 143km，汇水面积 1170km^2，组合形态为树枝状。高寨以上为摆郎河的源头，发育了河边、洞口、大龙井、小龙井、龙洞、石头寨等地下河。高寨至高桥为明、暗流交替段。摆郎河谷两侧发育 14 条明暗流交替的地下河，多沿走向 60°～260° 方向裂隙发育，水力坡度约 30‰，各地下河均在遇到 C_1d 砂岩地层出露地表呈明流，汇成摆郎河。摆郎河在高桥处再次转入地下，伏流段长 5km，再由羡塘燕子洞流出，与近东西向的三岔河汇合于羡塘，转向东流，而后又折向南，明流约 20km，于航龙潜入地下完全成为地下河，地下河道沿董当张性断裂发育，至董当乡大井村出露，流程 15km，平均水力坡度 26‰，大井出口标高 430m。并在航龙至马鞍寨与小井联系，构成统一地下河系统。

小井子系统的主流源于惠水县翁昌，长 40km，汇水面积 862km^2，出口地层为三叠系夜郎组石灰岩。该系统地下河多为暗流。主要支流抵塘-巨木、翁昌-风洞、播团-麻尧、播车-平合四条地下河支流，抵塘-巨木-平合为小井系统主干流，发源于抵季，经抵塘于巨木出露，明流段 10km 后，于平合、摆老潜入地下，于小井村出露，翁昌-风洞-小井地下河为主干支，发源于翁昌上游，经岜洞、翁洞、风洞、麻尧至小井，全长 48km，播团-麻尧、播车-平合两支地下河顺石炭系马平组石灰岩层发育，汇入主干流。

系统接收大气降水补给的主要方式为多直接注入，具有补给迅速，水量增减快、动态极不稳定的特点。地下河出口或岩溶泉的流量过程线呈极不规则的多峰锯齿状，峰值持续时间短，呈现出典型的气候水文型特征。大小井地下河出口，观测期年最大流量为 140641L/s，年最小流量为 2369.81L/s，流量动态年变化率为 59.35 倍(图 3.3)；巨木地下河出口年最大流量为 7461.7L/s，最小流量为 95.4L/s，年平均流量为 774.6L/s，流量动态年变化率为 78.2 倍。且一般降水入渗后 1～3 日内，地下水的流量即出现峰值，水文过程曲线起落陡峭，表现出变化快的特点。

系统内地下水的水位动态变化与流量动态变化趋于一致。一般 5～8 月的丰水期，降水集中，降水强度大，地下水水位上升幅度大；枯水期地下水水位普遍回落。据观测，区内地下水最高水位出现在 7 月，1～3 月水位最低，水位年变幅 7.2～7.3m(图 3.4)。

4) 水文地质结构及开发利用模式

由于流域内不同地段的地质环境条件，水文地质结构也相应有所变化，导致岩溶发育特征、含水介质、水文地质功能、水动力场方面等具有明显的差异(图 3.5)。

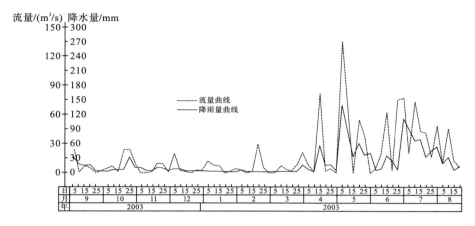

图 3.3　大小井地下河出口流量动态曲线图

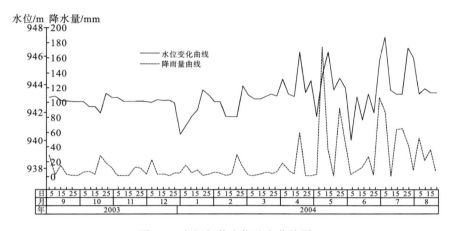

图 3.4　交纲竖井水位动态曲线图

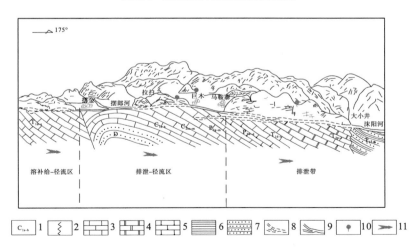

图 3.5　大小井岩溶流域水文地质结构概化图

1.地层代号；2.地层相变线；3.灰岩；4.白云岩；5.遂石灰岩；6.泥岩；7.砂岩；8.地下河；
9.地表河流；10.表层岩溶泉；11.地下水流向

（1）补给-径流区

摆金以北的流域上游属补给-径流区，该区地貌组合类型以峰丛谷地及丘峰洼地为主，东西两侧及摆金等非可溶岩分布区地貌为侵蚀脊状山，含水岩组主要为石炭系至二叠系中统的碳酸盐岩，地下水水位埋深相对较浅，地下水运动既有分散的裂隙流又有集中的管道流，其运动方向受舒缓型的高坡场向斜控制，由东西两侧向中部的摆郎河运移、排泄，地下水平均水力坡度为5‰。

由于靠近长江流域和珠江流域的分水岭地带，该区域地形相对平缓，耕地分布较为集中，地下水水位埋深一般小于50m，含水层的含水性相对均匀，因而可采取机井工程开发利用地下水，同时还可对出露的岩溶泉或地下河出口采用"拦""蓄"等方式进行开发利用。

（2）排泄-径流区

摆金至翁吕-塘边-马鞍寨-航龙一线之间的流域中游为排泄-径流区，地下水水位埋深逐渐增大，岩溶发育从以水平作用为主逐步演化成以垂向作用为主。摆金到高桥区间，主要含水岩组为石炭系纯碳酸盐岩，深切的摆郎河两岸，循北东、南东向两组裂隙呈平行状排列的且以明、暗流相结合的单枝状地下河较为发育，地下水均以管道流形式集中向摆郎河径流、排泄，可溶岩与非可溶岩之间形成完整的统一水动力场，水动力条件较好，平均水力坡度为5.8‰；高桥至航龙段，地表明流占据主导地位，河谷浅切，水力坡度为3‰；羡塘以南至马鞍寨，地下水总体上由北向南运动，非可溶岩区的层状裂隙流与可溶岩区的集中管道流通过地表水系产生着密切的水力联系，并在碳酸盐岩区形成强径流带，地下水平均水力坡度为4‰。

该区地形起伏较大，地下河河床水力坡度较缓，在径流途中常因地形切割或受岩性控制，明流与暗流交替频繁，地表天窗、竖井等岩溶个体形态十分发育，表层岩溶带发育较为强烈。根据区内水资源分布特征，应充分开发利用表层岩溶泉、分散排泄的岩溶泉和分布于地下河管道上的天窗、有水竖井等，可采取"蓄""提"等方式进行开发。

（3）排泄带

马鞍寨至大小井地下河出口的流域下游属排泄带，质纯层厚的纯碳酸盐岩类地层构成了区内赋水极不均匀但储水性极佳的管道型含水层，地下水循环速度快，水位埋深大，地下径流远强于地表径流，水动力条件优越，地下水水力坡度较大。其中，马鞍寨至大井出口间，地下水平均水力坡度为20‰，翁吕到小井出口为13‰。据此，区内从补给区至排泄区，地下水水位埋深逐渐加大，地下水水力坡度由缓变陡的规律，表示岩溶发育由北向南逐渐增强，地下水从裂隙流、似层状流、分散型管道流等综合性流态过渡到集中管道流。

受地下水溯源侵蚀影响，该区内岩溶垂向作用强烈，地下水水位埋深达200～300m，地表干旱缺水十分严重，人、畜饮水极为困难，而以目前的经济技术条件，其深层地下水又难以开发利用。但区内丰富的表层带岩溶水资源可成为主要的供水水源，此类区域应紧紧围绕表层岩溶水供水有利的特点进行开发，并将"三小工程"运用到表层岩溶水的开发利用中，以提高表层岩溶水的利用率。

2.朱仲河地下河系统

位于贵州省中北部的大方县东面乌溪-羊场-烂泥沟一带,属于乌溪河五级岩溶流域,面积 80.33km²。

该系统东部、北部、北西部为地表分水岭及隔水边界,南部、南西部为地下分水岭(图3.6)。由北西部补给区向南东部排泄区,碎屑岩类相对隔水层、纯碳酸盐岩裂隙溶洞水含水层及不纯碳酸盐岩溶洞裂隙含水层相间分布,形成了地下暗河与地表明流交替出现、地表水与地下水转化频繁的典型特征。系统内出露的地层以三叠系为主,西面以夜郎组为主,中东部以嘉陵江组和关岭组为主。区内构造以北东向为主,并以南东面的羊场断层最为典型,受其控制区内地势北西高南东低,整体向乌溪河倾覆。

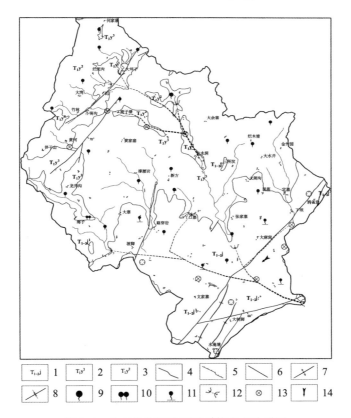

图 3.6 大方朱仲河地下河系统水文地质图

1.三叠系中下统嘉陵江组;2.三叠系下统夜郎组三段;3.三叠系下统夜郎组二段;4.地质界线;5.不整合地质界线;6.断层;7.背斜;8.向斜;9.下降泉;10.下降泉群;11.表层岩溶泉;12.伏流入口及出口;13.落水洞;14.地下水流向

系统内发育 2 条地下河、15 个表层岩溶泉,地下水天然出露点总流量 533.40L/s。各岩溶含水岩组的富水性强度为中等～强,富水性均匀程度为不均匀～极不均匀。区内地下水总体向南东面的乌溪河排泄,即北面的地下水整体由北西向南东径流、排泄。补给方式为注入式,补给面积多位于图幅北西面,径流方式为集中式或管道型,径流方向主要沿岩层倾向，排泄方式以地下河出口为主。

　　该系统的流量动态同样具有增减快、动态极不稳定的特点。5～9 月为丰水期，总降水量为 961.7mm，占全年降水量的 75.4%，月平均降水量 192.3mm；10～11 月和 3～4 月为平水期，总降水量为 231.1mm，占全年降水量的 18.1%，月平均降水量 57.8mm；12 月、1～3 月为枯水期，总降水量为 82.7mm，占全年降水量的 6.5%，月平均降水量 27.6mm。

　　该系统中年降水量与降雨强度对地表水、岩溶地下水的动态变化具有明显的制约作用，其中，S103 和 S104 的流量不稳定系数分别达到了 0.016 和 0.086，S104 流量属变化极大型，S103 流量属极不稳定型(图 3.7、表 3.4)。

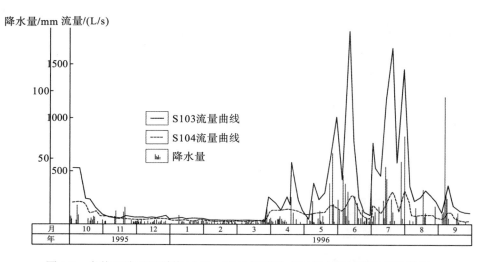

图 3.7　朱仲河地下河系统 S103、S104 流量动态与降水量过程关系曲线图

表 3.4　S103、S104 排泄点实测流量统计表

项目 时间	S103(地下河出口)				S104(岩溶大泉)				降水量/mm	
	平均 /(L/s)	最大 /(L/s)	极小 /(L/s)	变幅 /倍	平均 /(L/s)	最大 /(L/s)	极小 /(L/s)	变幅 /倍		
1995.10	296.42	533.58	91.34	5.84	152.89	205.50	78.86	2.61	64.4	平水期
1995.11	68.23	80.77	48.84	1.65	52.60	69.98	45.57	1.54	48.2	
1995.12	62.51	85.16	51.27	1.66	52.87	64.33	40.90	1.57	32.5	枯水期
1996.01	54.21	65.46	45.88	1.43	40.92	46.10	35.88	1.28	29.2	
1996.02	36.78	40.05	33.62	1.19	33.62	35.88	31.58	1.14	21.0	
1996.03	71.21	258.61	27.99	9.24	43.71	111.31	28.17	3.95	46.0	平水期
1996.04	246.52	584.03	126.73	4.61	132.45	149.98	103.97	1.44	72.5	
1996.05	438.00	1014.19	59.95	16.92	125.87	186.20	94.23	1.98	162.2	丰水期
1996.06	577.37	1800.00	94.33	19.08	147.20	280.42	63.11	4.44	214.6	
1996.07	945.21	1647.17	458.79	3.59	199.93	328.43	109.22	3.01	258.2	
1996.08	278.19	363.34	225.14	1.61	76.08	96.18	60.85	1.58	147.7	
1996.09	170.22	376.56	111.83	3.37	48.27	126.72	29.38	4.31	179.3	
年统计	270.41	1800.00	27.99	64.31	92.28	328.43	28.17	11.66	1275.2	

3.那郎电站地下河系统

位于贵州省西南部的贞丰县,系统内地势北西高南东低,所处地貌组合类型为峰丛洼地、峰丛谷地。系统内地表水系主要发育于北西部上游,该处主要为三叠系下统夜郎组地层,地表溪沟沿南东向在孔岭处以落水洞形式进入地下,并在晒山、河堡处地表水和地下水交替频繁,在曾家坡处接受来自北面顶肖地下河分枝的补给,二者向南东径流约 3.8km 后,与小坝田、纳利地下河分枝汇合,最终在北盘江右岸的斜坡上部,以地下河出口形式集中排泄,整个地下河岩溶管道呈"树枝状"展布(图 3.8)。

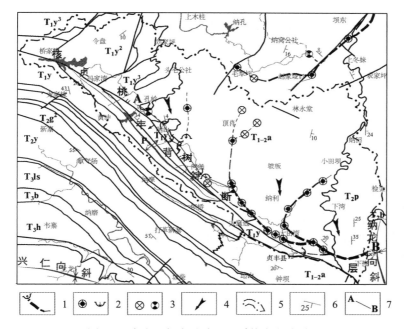

图 3.8 贞丰那郎电站地下河系统水文地质图

1.地下河出口及管道;2.地下河天窗及地下河入口;3.无水落水洞及有水落水洞;4.地下水流向;
5.岩溶水系统;6.岩层产状;7.水文地质剖面线

那郎电站地下河系统发育于贞丰背斜的北东翼、核桃树断层的北东盘,系统内为单斜构造,岩层倾向南东,倾角10°~20°。该系统边界主要以分水岭、断层为界,平面面积157.56km²。其含水岩组为安顺组白云岩、白云质灰岩,岩溶含水岩组组合类型为溶洞-管道、裂隙-溶洞;该岩溶水接受地表水体、大气降水补给,在落水洞、地下河天窗、溶蚀裂隙处进入地下,受断层和岩层走向控制,地下水最终以地下河出口形式出流,枯季流量595.76L/s。

系统上游孔岭至中下游的马朝井段,长度约 14km,明暗相间,其中暗流段约 10km,平均水力坡降 18‰;纳格至曾家坡段,长度约 6km,平均水力坡降 15‰;纳黑至尖峰岩段,长度约 5.5km,平均水力坡降 26‰;东门海子至马朝井段,长度约 1.2km,平均水力坡降 25‰;马朝井至那郎电站出口段,长度约 3km,平均水力坡降 100‰。结合那郎电站地下河所处的地层年代分析,马朝井以上为袭夺山盆期水流形成的较平缓的管道,马朝井以下为乌江期深切而呈急倾斜管道,为上缓下陡的"反均衡剖面"(图 3.9)。

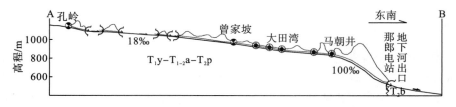

图 3.9　贞丰那郎电站地下河纵剖面图

4.万全地下河系统

　　位于贵州省西部的六盘水市水城县老鹰山镇,地势南东高、北西低,最大高差达 560m,最低点位于系统北面的地下河出口,该出口位于三岔河深切河谷右岸岸边,高程为 1500m。

　　平面上,系统由南东向北西径流。受飞仙关组、龙潭组、梁山组等碎屑岩的隔水作用,以及老鹰山向斜、青林背斜等构造控制,整个地下河系统可分为三个:南东部的老鹰山向斜储水构造形成的分散排泄次级系统、中北部的栖霞-茅口组岩溶大泉次级系统、北部的威宁组地下河系统。该系统涉及了石炭系至侏罗系的含水岩组,主要岩溶含水层有石炭系威宁组、二叠系栖霞茅口组、三叠系嘉陵江组、关岭组、法郎组(图 3.10)。

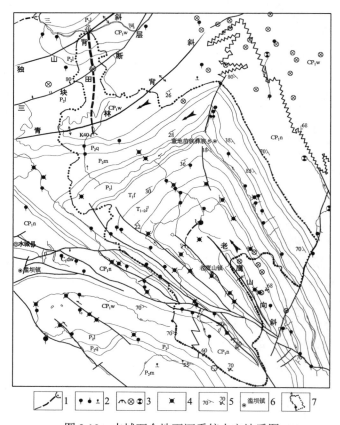

图 3.10　水城万全地下河系统水文地质图

(1)老鹰山向斜分散排泄次级系统。主要岩溶含水岩组为三叠系的碳酸盐岩,受北西-南东向的老鹰山向斜和北东-南西向的青林背斜共同作用,系统由飞仙关组(T_1f)、龙潭组(P_3l)、峨眉山玄武岩组($P_{2-3}em$)隔水层和地表分水岭围成一个相对封闭的储水构造,局部地势地带有岩溶泉等出流。整体地下水由南东向北西径流。

(2)栖霞-茅口组岩溶大泉次级系统。主要在青林背斜的南东翼,顶部为峨眉山玄武岩,底部为梁山组碎屑岩,地下水沿岩层走向(北东向南西)径流,至西部深切割沟谷处以两处岩溶大泉形式出露,主要岩溶含水层为二叠系中统栖霞-茅口组(P_2q-m)灰岩。

(3)威宁组地下河系统。为整个万全地下河系统的末端,接受上述两个次级系统的地表水后,在 K40 号入流入口处进入地下,随后沿岩层倾向(北北西)径流,最终于三岔河右岸岸边出露,出流量 600～3500L/s。该段受青林背斜、三块田断层和独山背斜控制,上覆二叠系地层呈现出"帽子状"覆盖地下河之上,地下管道发育在威宁组(CP_1w)灰岩(图 3.11)。

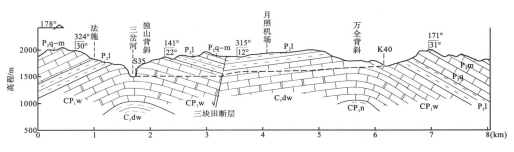

图 3.11　水城万全地下河系统水文地质剖面图

3.3.2　岩溶大泉系统

岩溶大泉系统是贵州省岩溶地下水系统的重要组成部分。该含水岩组的介质空间组合类型为溶洞-裂隙、溶孔-溶隙。据统计,省区岩溶大泉系统共 38 个,系统面积 23545.55km²,占贵州省面积的 13.37%。该类系统地下水往往在受河谷切割含水层的地势低洼处,以股状下降泉形式出露;在阻水断裂或隔水岩组的阻挡下,往往具有承压性质。

1.汪家大井岩溶大泉系统

位于贵州省中部贵阳市东郊的鱼梁河谷,由河床底部涌出,为岩溶上升泉,枯季测流量为 1285.8L/s。泉域构造上处于走向北东 50°的永乐堡复式向斜的北西翼,泉口出露于上二叠统龙潭组砂页岩与下二叠统茅口石灰岩的接触部位。泉域补给面积 415km²,主要含水岩组由泥盆系高坡场组、石炭系摆佐组、黄龙组、二叠系栖霞组、茅口、长兴组、三叠系大冶组、安顺组等质地较纯的石灰岩、白云岩组成。泉域补给区位于贵阳市南东龙里县高枧一带,补给区岩溶极为发育,常见洼地、漏斗、落水洞、溶洞、溶潭及伏流。

地下水主要接受大气降水、补给区部分伏流的补给,同时,向斜内一些断裂沟通了各含水岩组之间的水力联系,使吴家坪组的砂页岩局部失去隔水作用,增强了地表降水渗入以及向斜核部上部含水层潜水的越流补给。永乐堡向斜构造为地下水的贮存、运移和调节提供了良好的空间场所，根据泉水出露及赋存条件确定该岩溶大泉域为层控型岩溶水系统（图 3.12）。

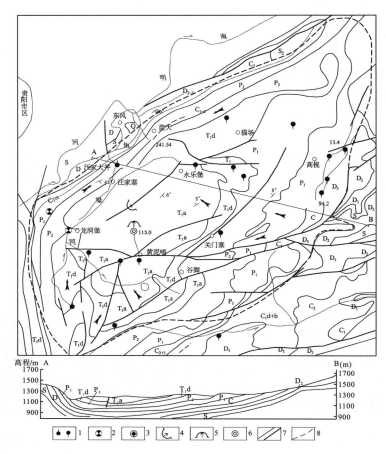

图 3.12　汪家大井岩溶大泉地下水系统水文地质平、剖面图

1.上升泉、下降泉；2.落水洞；3.天窗；4.地下河出口；5.地下河入口；6.水文钻孔；7.地质界线；8.地下水系统边界

汪家大井岩溶大泉系统具有承压性质，其补给区远离排泄口，排泄点流量较稳定。根据 1979 年 3 月～1988 年 7 月监测数据显示（表 3.5），汪家大井岩溶泉最小流量 1138L/s、最大流量 3255L/s。

表 3.5　汪家大井岩溶泉流量动态监测统计表

序号	监测时间	流量(L/s)	序号	监测时间	流量(L/s)
1	1979.03	1181	7	1988.03	1419.4
2	1979.07	2200	8	1988.03	1138
3	1980.03	1165	9	1988.4.11	1368
4	1987.03	1285.8	10	1988.05	1238
5	1987.09	1571	11	1988.06	3255
6	1987.12	1555	12	1988.07	1878

2. 凯里-施洞口岩溶大泉系统

在凯里-施洞口岩溶大泉系统内以凯里龙井大泉最为典型，该大泉位于凯里市城西北外环公路西北侧，泉口出露于寒武系石冷水组中厚层鲕状白云岩地层中，泉水枯季流量234.5L/s。泉水主要为北东部九寨、白央坪、桐油坪一带寒武系娄山关群、石冷水组白云岩地层中地下水的补给，泉域内地形平缓，地下水沿孔隙、溶隙运移。

区内地下水埋藏浅，受寒武系杷榔组碎屑岩的阻挡，加之碳酸盐岩与碎屑岩接触带为压扭性断层接触，阻挡地下水的运动，使得泉水呈上升特征而出露地表（图 3.13）。

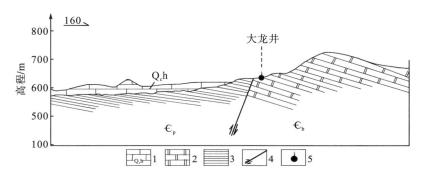

图 3.13　凯里大龙井岩溶泉出露条件剖面图

1.第四系钙华；2.白云岩；3.页岩；4.断层；5.上升泉

3.3.3　分散排泄系统

省内金沙-黔西-平坝-镇宁-兴仁-兴义一线以东，到玉屏-凯里-都匀-龙里-贵阳一线以西之间，广泛分布着古生代和中生代的白云岩，其中，金沙-遵义县-开阳-乌当-贵定-都匀-丹寨一线以东的黔北黔东北宽缓的箱状背斜核部、黔中-黔东南复杂构造变形区内，以寒武系高台组（$\in_3g$）、石冷水组（$\in_3sh$）、娄山关组（$\in_{3\text{-}4}l$）、比条组（$\in_4b$）至追屯组（$\in_4zh$）、平井组（$\in_3p$）至毛田组（$\in_4O_1m$），古生代白云岩往往大面积分布；其次在金沙的平坝-岩孔灯影组（$Pt_3b\text{-}\in_1dy$）以及在贵定至凯里一带泥盆系高坡场组白云岩也有一定的面积的分布。在该线以西的黔中至黔西南二级高原台面地带，大面积出露三叠系安顺组（$T_{1\text{-}2}a$）、杨柳井组（T_2y）白云岩。

贵州省内分散型排泄型的地下水系统大多分布在高原台面上，高原斜坡和河谷斜坡区零星分布。系统周边通常为基岩裸露的厚大山体，腹部则形成较宽阔的盆地和谷地，谷底通常平缓，岩溶洼地、落水洞、岩溶漏斗岩溶个体形态不发育，但局部可能存在小型的岩溶潭，是分散排泄型地下水系统的主要分布地带。

小型且较均匀的地下水赋存和运移的空间、较为平缓的地形条件，以及特有的"似层状"特征，分散排泄系统中地下水在含水岩层中的运动实际上是一种缓慢、分散状的流动，使得分散排泄系统中地下水水力坡度多在 5‰ 以下，与基岩裂隙水的运动较为近似。并且地下水的排泄也主要以分散状的小泉、泉群甚至散流状排泄，但一些受断裂或隔水层阻隔的系统中，也可能发育少量流量较大的岩溶大泉。

区内分散排泄系统主要发育在白云岩分布区。在平面上主要集中分布在黔北、黔东北、黔中及黔西南部分地带，含水空间以小型的溶蚀孔洞以及各种成因的裂隙为主，在地貌上多形成宽缓的溶蚀谷地，含水层具有含水性较均匀、富水性中等～丰富、地下水埋藏浅、易于开发利用的特征。据统计，省区岩溶大泉系统共 48 个，系统面积 60677.07km²，占贵州省面积的 34.44%。

1.兴义分散排泄系统

该系统位于贵州省西南兴义市-顶效镇一带，系统内地势西高东低，所处地貌组合类型为溶丘缓坡，地形起伏小，地形坡度缓，一般在 5°～10°。

以马别河右岸系统为例，该亚系统位于马别河深切河谷右岸的台面，系统内的地表水稀疏、切割浅。该系统位于黔西南构造穹盆内，洞上-垌底断层的东盘，系统内为单斜构造，岩层倾向东，倾角缓，一般为 3°～10°。该系统西面以断层为界，其余三面以地表河流为界，平面呈近北西-南东的"条带状"，面积 105.68km²。

系统含水岩组为杨柳井组白云岩，岩溶含水岩组组合类型为溶孔-溶隙，地表未见有地下河天窗、落水洞、竖井等岩溶现象。该地下水系统主要接受大气降水补给，大气降水落至地面后，在溶蚀裂隙处进入地下，再沿四面径流，排泄形式为分散的下降泉，共计91 个水点，14 个机井(图 3.14)。

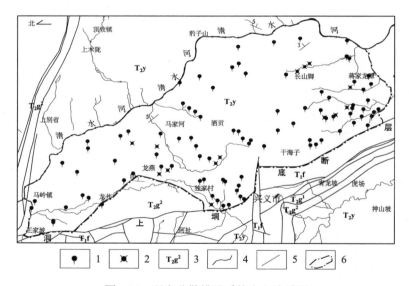

图 3.14　兴义分散排泄系统水文地质图

1.下降泉；2.机井；3.地层代号；4.地质界线；5.断裂；6.地下水系统边界线

兴义分散排泄系统内的机井集中分布在南北分水岭中下游，勘探线钻孔深度 120～201m，揭露的地下水深度均小于 15m，岩溶深度小于 60m，且以溶蚀裂隙、构造裂隙和溶孔为主，机井的涌水量有向下游增大的趋势，勘探线端头的机井涌水量多在 519.20～1344.38m³/d。

平面上，该系统位于北北向的洞上碉底断层和北西向的上寨断层之间的构造盆地内。

盆地内岩层倾角平缓，并向中部的马岭河峡谷倾斜，盆地两侧为山体高耸，盆地内均为杨柳井组白云岩，岩体受构造和风化作用，往往形成 X 形节理、裂隙。

垂向上，岩层呈"层状"展布，为"单层网状结构"，溶孔、溶隙沿节理、裂隙发育，深度较浅，岩层的给水空间较地下河系统和岩溶大泉系统都均匀，地下水多呈较均匀下降泉分布。

2.高坪分散排泄系统

高坪分散排泄系统位于遵义市中心城区的北郊，距遵义市中心城区 2.5km，隶属于遵义市汇川区。地处贵州高原北部大娄山南麓，地势总体北西高、南东低。大地构造上，处在扬子准地台黔北台隆遵义拱断毕节北东向构造变形区与凤岗北北东向构造变形区的复合部位，为桐梓背斜的南东翼，岩层产状平缓，倾角小于 15°。系统的南西至北西侧以深溪湾-大桥-枫香坪一线分布的高台组泥岩、砂质白云岩隔水层为边界，南部边界为阻水的排军断裂，而北东边界则为自然分水岭，自成一个完整的水文地质单元，总面积 58.29km^2（图 3.15）。

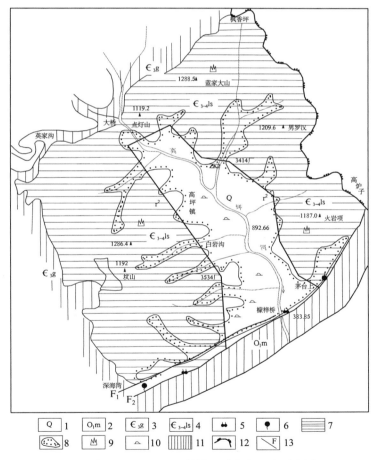

图 3.15　高坪封闭型分散排泄系统水文地质略图

1.第四系；2.湄潭组；3.高台组；4.娄山关群；5.上升泉泉群；6.下降泉；7.山地区；8.岩溶谷地；9.峰丛；10.溶丘；11.阻水地层；12.分水岭；13.断层

区内大面积出露寒武系地层，其中主要含水岩层为娄山关群白云岩岩石中弥散性的溶蚀空间与构造节理、裂隙发育，形成了以溶孔、溶蚀裂隙组合的含水介质。由于含水介质的上述特点，使得该含水层分布面积大、汇水区广、饱水带厚、地下水分布较均匀、富水性强。

系统内南西、北西及北东三面均为裸露型岩溶山区，是地下水的主要补给地带。中部则形成延伸方向 330°的长条形岩溶山间盆地，盆中地势平坦，河流浅切，底部被第四系黏土、亚黏土及砂、卵石覆盖。在南部，压扭性的排军断裂从南西向北东横切岩溶盆地，断裂下盘湄潭组泥岩构成了地下水的南部阻水边界。大气降水的入渗补给以及来自周围基岩山区的地下水汇集于岩溶盆地含水层中后，受地形和构造影响，只能缓慢地向南东方向径流，至檬梓桥一带附近受排军断裂下盘隔水岩层阻隔，排泄不畅，在盆地中壅水富集起来，从而构成一个典型的封闭型分散排泄系统。

含水层上覆无隔水层，地下水流上部为自由界面，地下水动力特征总体上应属于潜水。地下水动态成因属气象类型，年内地下水位峰值滞后大气降水 4～5 个月，地下水位年内变幅 2～5m，属稳定类型。

高坪分散排泄系统为一个完整的水文地质单元，单元内与相邻单元不发生水交换，因此，水量的循环均在单元的内部发生。另一方面，单元中除高坪河外，没有大的地表水体，而在天然条件下，高坪河成为单元中地下水的排泄场所，因此，大气降水是水源地地下水主要补给来源，含水层中地下水在接受补给后，从周边山区分散式地向盆地中汇集，并以分散小泉和散流的形式排泄出地下，最终汇入通过盆地的高坪河，成为河流的基流。

大气降水降落至地面后，多沿溶蚀裂隙、构造裂隙向下渗入补给地下水，具有补给缓慢、水量和水位增减慢、动态较稳定～稳定的特点。长期观测资料显示，一个水文年内，系统的岩溶泉最大流量与最小流量的比值为 2.00～13.96，平均月最大变幅比值为 1.48～6.97，水位变幅为 0.39～2.76m（图 3.16～图 3.18）。

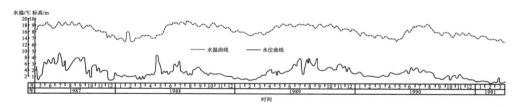

图 3.16　S64 号岩溶泉流量动态

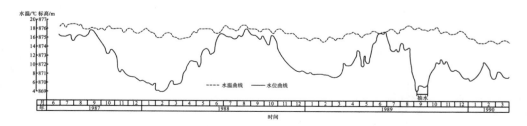

图 3.17　ZK4 号机井地下水位动态

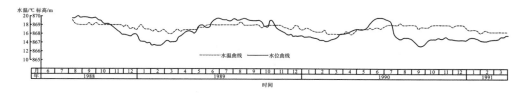

图 3.18 ZK8 号机井地下水位动态

3.4 岩溶地下水系统的控制因素

贵州岩溶地下水的发育除与气候环境相关外,最主要的是与地层岩性、地质构造、地形地貌以及水文网发育程度等因素密切相关,其中地层岩性和地质构造是基本条件,是决定岩溶地下水含水系统的关键;地形地貌和水文网则主要影响岩溶地下水的补给、径流和排泄,是控制岩溶地下水流动系统的主要因素。

3.4.1 岩性因素

岩性是控制地下水类型和富集的主要因素之一,岩溶地下水主要富集在岩溶化程度较高的岩层中。不同的岩性和岩层组合,其岩溶作用和发育程度差别很大,并由此影响地下水的流动状态。

较纯灰岩地层(如三叠系下统永宁镇组、二叠系中统栖霞-茅口组和寒武系下统清虚洞组等),在地质构造和降水等的作用下,常形成溶洞、管道等地下水储存和运移空间。该类含水岩组中的地下水系统具有集中排泄、流量大等特点,常形成较大的地下河系统和岩溶大泉系统。根据《贵州省喀斯特大泉及地下河研究报告》,贵州省域内灰岩地层中共发育地下河 818 条,占全省地下河总数的 72.39%(贵州省地下河总数为 1130 条);出露的岩溶大泉 1112 个,占贵州省岩溶大泉总数的 65.03%(贵州省岩溶大泉总数为 1710 个)。

较纯白云岩地层(如三叠系下统安顺组、寒武系中上统娄山关群等),其白云岩多为细至粗晶结构,白云石颗粒镶嵌紧密,溶蚀以网状为主,多发育溶洞、溶隙等含水介质,常形成较大的岩溶大泉系统,较少发育地下河系统,其岩溶发育程度弱于灰岩。该类型地层共计发育地下河 143 条,占全省地下河总数的 12.66%;发育岩溶大泉 316 个,占全省岩溶大泉总数的 18.47%。

含泥质或硅质的碳酸盐岩,受岩石可溶成分减少的影响,其溶蚀较弱,含水介质以溶隙、孔隙、裂隙为主,常形成水量较小的泉点,极少见岩溶大泉和地下河。

3.4.2 地质构造因素

纵观贵州岩溶地下水的发育和分布,可以发现其严格受地质构造的控制。地质构造除控制岩溶地下水的埋藏、分布外,主要是形成不同的储水空间(即地下水含水系统构架),并使得褶皱、断裂等构造形态在不同部位,岩溶地下水的赋存、运移等均存在较大差异。

1.断裂

断裂控制着地下水径流通道的发育和展布，在断裂带附近，一般多发育溶洞、洼地及落水洞，这些为地下水的补给、径流和运移提供了空间条件。如巨木地下河系中的望窝支流，该支流中发育的北东向断裂破碎带岩溶化程度较高，沿断裂带通常有呈串珠状排列的洼地，由此控制了断裂两侧地下水向断裂带汇集，因此在地下河管道的延伸方向上深陷洼地发育密集，有利于地下水的富集。

2.褶皱

褶皱构造控制着碳酸盐岩的空间分布和变化，从而影响地下水的储存和排泄。贵州省内褶皱构造类型复杂多样，黔东北、黔北地区主要为复式箱状背斜，背斜较宽缓，形态较为完整，其核部大面积分布寒武系碳酸盐岩，两翼则出露志留系、奥陶系等碎屑岩，该区域的背斜褶皱常构成封闭的储水空间，从而形成较完整的地下水系统。该区域向斜常呈紧密状，轴部多为侏罗系地层组成，两翼为二叠系、三叠系碳酸盐岩组成，岩层倾角一般在20°～30°，向斜翼部多发育洼地、漏斗以及落水洞等，地下暗河极为发育，典型的如道真地下河系统，该系统以相邻的道真向斜、安场向斜和大塘向斜为构架，形成了较为独立的地下水系统(内含 11 条地下河及伏流)，系统除北面以黔渝省界为界外，其东、西、南面均以志留系碎屑岩作为边界。

黔中地区以宽缓的向斜为主，受断裂构造的破坏，该区域褶皱构造一般完整性较差，地下水主要受断裂和褶皱综合影响。

黔南地区多为近南北向的隔槽式褶皱，背斜轴部大面积出露石炭系、泥盆系碳酸盐岩，这成了该地区岩溶地下水系统发育的基础和格架。该区域典型的为大小井岩溶地下水系统。

除空间分布影响岩溶地下水的分布外，褶皱形态也对岩溶地下水的径流有控制作用。在紧密褶皱区，地下水一般沿褶皱轴向径流；在平缓褶皱区，地下水的径流往往受控于"X"共轭节理控制，该类型典型的为大小井地下河系统。

3.4.3　地形地貌因素

地形地貌的快速变化可能导致水力边界条件发生剧变，这种变化会使地下水的径流和排泄条件发生变化，从而使水力梯度发生变化。贵州的地势特点是西高东低，中部高，南、北低，即由西向东形成一个大梯坡，由西、中部向南、北再形成两个斜坡带，这种地势特点除控制了地表水的径流外，还严格控制了地下水的补给和径流方向。

地形地貌变化除对地下水的补给和径流方向有控制作用外，还对岩溶地下水的类型有一定影响。在高原台面区，地表河流浅切割，地形高差一般在数十米以内，地形坡度一般小于15°，此类地形变化较小的区域岩溶地下水的水动力条件也相对较差，这也导致该类区域岩溶地下水主要以分散排泄系统和岩溶大泉系统为主，较少发育规模较大的地下河系统，如地处贵州二级高原面的贵阳-安顺区域，出露地层岩性与镇宁、关岭一带同为三叠系碳酸盐岩，但受地势变化的影响，其地下水类型以岩溶大泉和分散排泄系统为主，而镇宁、关岭一带则以地下河为主。在过渡斜坡区和峡谷区域，河流切割深度大，地下水水力坡度变大，从而使得地下水动力增强，其改造岩溶地下水通道的能力也随之加大。在该类区域，岩溶地下水以集中管道流为主，地表明流罕见。

3.4.4　水文网因素

研究地下水系统不能脱离这一地区的水文系统，地下水系统是水文系统中的一个重要组成部分，两者之间存在不可分割的关系。地下水系统实际上受地表水的输入系统和输出系统的控制，其演变与发展过程往往就是地下水系统与地表水系互相转化演变的过程，其演变规律既受各种天然因素的影响，也受各种社会环境因素特别是人类活动的干扰与影响。

贵州省是典型的岩溶山区，受新近系地壳抬升运动的影响发生了强烈的改造，而且下切 300～500m，多形成峡谷；把大面积的岩溶含水层割裂成不同面积、不同形状的块段，深切河谷往往是当地最低侵蚀基准面河岩溶大泉及地下河的排泄区。

(1) 长江流域和珠江流域及所属各主干支流分水岭地带。地形切割微弱，垂直循环带较薄，负地形连成一片平坦的谷地；近期地壳上升运动所引起的各水系下切的程度，基本未波及这些地区；地表水发育，水力坡度在 0.16‰～4‰，地形相对高差一般在数十米。大气降水以地表径流方式排泄为主，部分沿节理入渗地下顺断裂及裂隙径流，常形成垂直与水平两类地下管道。地表水及地下水交替频繁，多形成水力联系较好的网络状地下河系，并多以大泉或岩溶潭的形式排出地表。地下水位埋深浅，纵剖面为小比降型，流量变幅 1～15 倍，水位 2～6m，动态稳定，属平稳型。如贵阳-安顺普定一带、黔北绥阳-蒲老场、湄潭复兴场、黔西城关一带、黔南长顺庐山一带、都匀牛场、独山基长至下司一带、黔西南兴仁至安龙等地，发育的地下河均属于此类型。

(2) 贵州高原中部向南、北斜坡及主干支流的斜坡地带，即裂点以上至分水岭地区。大面积间歇抬升所形成的河谷裂点带向源侵蚀加强，但河流发育仍受"宽谷"和早期地貌影响，流水作用以微弱下切及侧蚀为主。二级支流的干流以宽谷峰顶面计算，地形切割中等，一般为 200～300m；河谷坡降剧变为 6‰～10‰；局部地区受岩性控制，偶有跌水存在，但大体又保持坡降。此地带地表水系较发育，密度多在 200～350m/km^2。此类地区因水系切割较浅，地下水垂直循环厚度达 40～200m；岩溶垂直作用增强，但水平作用仍较强烈，故其地貌组合形态多为峰丛浅洼、峰丛谷地及峰林谷地。洼地及谷地底部较为平坦，其洼地与相邻地标高大体在一个水位面上。地下水接受大气降水补给后，沿断裂及节理径流，形成树枝状或网络状地下水系。主支流发育明显，但水力坡度较缓，岩溶大泉及地下河多在当地侵蚀基准面排泄，流量一般为 100～500L/s，个别达 1000L/s 以上，地下河纵剖面多形成上缓下陡的折线型。

(3) 深切河谷区主要为河谷至裂点带。主干主流切割深度大于 500m，地表水系不发育，但河谷下切强烈，平均坡降一般为 8‰～25‰。岩溶作用以垂向为主，正地形多为峰丛，负地形多为漏斗状深岩溶洼地或岩溶槽谷，地下水埋深多大于 100m，地下河较发育，平面形态多为树枝状及"人"字形。

第4章 岩溶地下水资源评价

地下水资源评价主要是指对水资源数量、质量及其分布特征以及开发利用条件的分析论证。地下水资源评价的目的是为评价社会经济的发展、城乡规划、工农业生产等提供水资源基础资料，其成果可指导地下水资源的开发利用、制定水资源规划、实施科学管理及水源地工程设计等。

4.1 岩溶地下水资源评价及计算方法

4.1.1 岩溶地下水资源评价方法

1.地下水资源量评价方法

对于系统计算岩溶地下水资源量的研究，目前国内外还无较好的方法。较常利用的方法有水量均衡法、水文学方法、开采试验法、解析法以及数值法等，但各种评价方法在定量评价岩溶地下水时均具有一定的局限性（表 4.1），无法反映岩溶流域水资源形成的完整过程，更不能全面反映出岩溶地下水形成的各个要素间的作用。

表 4.1 地下水资源量评价方法对比表

	计算方法	用途	适用条件	不足
水量均衡法	$Q_{补} - Q_{排} = \pm \Delta Q_{储}$	各种条件下的地下水补给资源量；初步确定地下水可开采量	任何地下水系统	水文地质参数难以确定
水文学方法	基流分割法、径流模数法等	评价地下水补给资源量	全排型流域；具有较长系列测流资料的地下水系统	无法准确评价地下水可开采资源量；评价精度难以控制
开采试验法	开采抽水法、试验外推法、补偿疏干法等	评价地下水可开采资源量	中小型水源地地下水资源评价	适用精度高、范围较小的地下水系统
解析法	井群干扰法、开采强度法等	评价地下水可开采资源量	水文地质条件理想化区域	应用条件苛刻
数值法	有限差分法、有限单元法、边界元法等	评价地下水补给资源量、开采资源量	各种复杂条件下的地下水系统	水文地质条件清楚、需要大量的各类资源和数据

通过表 4.1 的比较，可看出水量均衡法是研究区域性地下水评价较为理想的方法。因此，本节将采用水量均衡法对贵州岩溶地下水的资源量进行评价。

2.水量均衡法

水量均衡法是根据水量平衡原理，利用均衡方程计算待求水量的一种方法。在一定的时间段内，任一均衡区进出水量大体保持平衡关系。

贵州省岩溶流域内的大气降水，一部分通过蒸发和蒸腾散失回到大气，一部分以基岩裂隙泉和表层带岩溶泉分散排泄出露地表，其余的大部分以地下河和岩溶大泉集中排泄于沟谷或地表河流中，最终汇入河流(图 4.1)。

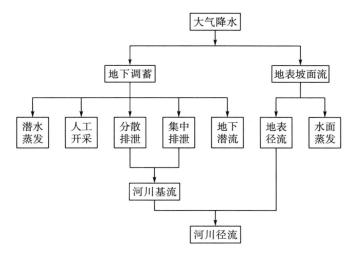

图 4.1　岩溶水文地质概念模型

根据物质质量守恒定律和物质转化原理，在任何地区，在任一时间段内，地下水系统中地下水的流入量(或补给量)与流出量(或消耗量)之差，恒等于该系统中水储存量的变化量。按图 4.1 建立如下地下水数学模型：

$$R = W + E + D_q + \Delta V \tag{4.1}$$

式中，R 为地下水天然补给量；W 为地下水排泄量；E 为地下水蒸发量；D_q 为地下水潜流量；ΔV 为地下水调储变化量。

计算时，由于潜水蒸发量和区域地下水潜流量难以确定，且变化量对地下水排泄量的影响不大，可以忽略不计，则上式简化为

$$R = W + \Delta V \ \text{或} \ \frac{dv}{dt} = R(t) - W(t) \tag{4.2}$$

研究区内岩溶泉或地下河流量过程曲线与降水量多呈明显的正相关，其峰值常短暂滞后于降水量峰值，与地表水径流动态相似，表明地下水具有径流途径短、动态变化大、当年调节的特点，一个水文周期内，补、排量基本平衡，即

$$\begin{cases} \dfrac{dv}{dt} \approx 0 \\ R(t) \approx w(t) \end{cases} \tag{4.3}$$

式中，$R(t)$ 为单位时间内地下水系统补给量；$W(t)$ 为单位时间内地下水系统排泄量；$\dfrac{dv}{dt}$ 为单位时间内地下水系统储存量的增量。

4.1.2　地下水天然补给量计算方法

1.计算方法选择的依据

贵州省内碳酸盐岩分布广泛,大气降水通过岩体内发育的各种形式的通道进入含水层进行地下循环,在适宜的水文地质条件控制下,以泉、地下河等方式排泄,成为地表河溪的重要补给源,构成河川基流。因此,根据区内地下水动态变化与大气降水量之间的正相关性,与地表径流量变化的相似性,具有快补、快排、当年调节以及一个水文年或一个水文周期内的补、排量基本平衡的特征,按地下水、地表水及大气降水三水转换均衡关系建立水文地质概念模型(图 4.1),分别采用大气降水入渗系数法、径流模数法计算省内地下水天然补给量。

2.地下水天然补给量计算方法

1)大气降水入渗系数法

$$Q_{\text{补}} = 10^{-1} \cdot p \cdot \sum_{i=1}^{n} \alpha_i F_i \tag{4.4}$$

式中,$Q_{\text{补}}$ 为地下水天然补给量(万 m^3/a);α_i 为第 i 含水岩组的大气降水入渗系数;F_i 为计算块段中第 i 含水岩组面积(km^2);p 为计算块段不同保证有效率降水量(mm);10^{-1} 为换算系数。

2)径流模数法

根据贵州省内各县、市、区的枯、丰、平季节时间段,用不同时段地下水径流模数(M)乘以计算块段面积(F),再乘以时间(T),求得该块段的天然径流量,计算式为

$$Q_{\text{径}} = 86.4 \times 10^{-4} \times F \times (T_{\text{枯}} \cdot M_{\text{枯}} + T_{\text{平}} \cdot M_{\text{平}} + T_{\text{丰}} \cdot M_{\text{丰}}) \tag{4.5}$$

式中,$Q_{\text{径}}$ 为计算块段的径流量(万 m^3/a);F 为计算块段面积(km^2);$T_{\text{枯}}$、$T_{\text{平}}$、$T_{\text{丰}}$ 分别为枯、平、丰的时间天数;$M_{\text{枯}}$、$M_{\text{平}}$、$M_{\text{丰}}$ 分别为枯、平、丰径流模数($\text{L} \cdot \text{s}^{-1} \cdot \text{km}^{-2}$);$86.4 \times 10^{-4}$ 为换算系数。

4.1.3　地下水可开采量计算方法

地下水资源可开采量是指在可预见的时期内,通过经济合理、技术可行的措施,在不引起生态环境恶化的条件下,允许从地下含水层中取出的最大水量。

决定地下水可开采资源量大小的因素很多,其中较为重要的是地下水系统的供水功能及人为采水的技术能力等(图 4.2)。此外,可开采量的大小还受生态环境条件的制约。

降水入渗补给地下水资源量是地下水资源总量中可以再生的部分,也是地下水系统长期稳定提供的最大水量。从水量平衡、补偿更新的角度来分析,补给量可视作稳定开采量的最大值,即可开采资源量。显然,这个水量未考虑环境和其他方面的约束条件,所以,在供水实践中,实际的地下水可开采量应小于相应地区地下水的总补给量。在区域水量评

价中，储存资源量如承压水、深层地下水等一般不列入可开采资源量，这是因为储存资源量属不可再生的水量，在正常的供水实践中虽然储存资源会随渗流场的变化调整而被动用一部分，但并不能直接作为开发对象。

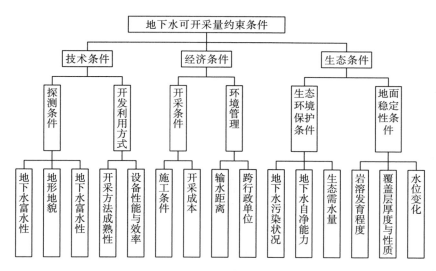

图 4.2　地下水资源开采量的约束性模型图（钱小鄂，2006）

1.计算方法选择的依据

由于水文地质条件的差异和数据资料的局限，每一种资源量评价方法都有其自身的局限性。因此，针对岩溶山区的地下水，一方面可根据不同流域内的水文地质以及气象资料条件来选择不同的计算方法；另一方面，可根据流域自身的特点寻找岩溶地下水的客观有效的评价方法。

贵州省内碳酸盐岩连片出露区，地下水类型主要为裂隙-溶洞水、溶洞-裂隙水，含水层的赋水性极不均匀，地下水天然露头较多，且多以集中的岩溶大泉和地下河出口的形式集中排泄，因此采用枯季径流模数法计算地下水可开采量。

2.地下水可开采量的计算方法

在一个水文年中，地下水的枯季排泄量对于供水而言是保证程度最高的资源量，而地下水系统中的枯季径流量也就代表了该系统中高保证率的地下水资源量。因此，在充分考虑岩溶区地下水赋存条件的复杂性和开发利用条件的同时，考虑扣除一定的生态需水量，取枯季地下水资源量的 2/3 对地下水允许开采量进行估算。计算式为

$$Q_{可} = \frac{2}{3} \cdot 3.15 \cdot F \cdot M_{枯} \tag{4.6}$$

式中，$Q_{可}$ 为地下水可采资源量(万 m^3/a)；$M_{枯}$ 为枯季径流模数($L \cdot s^{-1} \cdot km^{-2}$)；$F$ 为计算单元面积(km^2)；3.15 为换算系数。

4.2 贵州岩溶地下水资源及其分布

4.2.1 计算单元

贵州省岩溶地下水资源计算单元的划分除遵循前述单元划分原则外,还突出了"对地下水资源的开发利用规划更具实效性和完整性以及对地质环境的综合整治更有指导性"的原则。以前述划分的系统单元为基本计算单元,累计得到贵州省岩溶区的地下水资源量。

4.2.2 参数选取

1.资料来源

贵州省碳酸盐岩的类型多,时空变化较大。同一地层岩性,在不同构造部位以及不同地貌区域,其含水性均有所不同。为较为准确地计算贵州省岩溶地下水资源量,笔者共筛选了 2006 年以来,贵州省地调类项目实施的 162 处地下水长观点资料(图 4.3),以及 2012 年贵州省枯季测流资料(5160 个测流点),其观测或测流基本覆盖贵州省碳酸盐岩分布区域,观测或测流含水层也涵盖了所有碳酸盐岩地层。

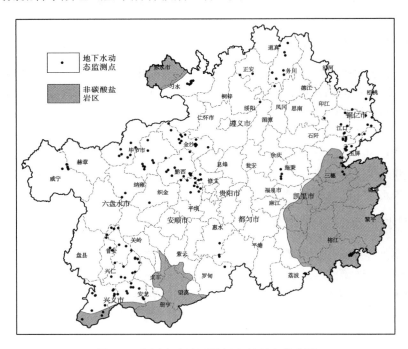

图 4.3　贵州省岩溶区地下水长观点分布图

2.计算块段面积

各地下水系统块段面积及块段内出露的石灰岩、白云岩、碎屑岩、碳酸盐岩夹碎屑岩及白云质灰岩面积，均用 Mapgis6.7 在 1∶5 万地理底图电子版上测算，并与通过国家有关部门审查并已公开出版的理论面积值平差求得（表 4.2）。

表 4.2　贵州省岩溶区地下水系统面积统计表

序号	系统名称	类型	总面积/km²	碳酸盐岩面积/km²	序号	系统名称	类型	总面积/km²	碳酸盐岩面积/km²
1	习水	A	802.86	383.35	84	永兴	C	742.28	568.1
2	吼滩坝	B	199.03	132.56	85	柿坪	B	752.6	384.98
3	桑木场	B	518.18	355.89	86	牛打场	B	843.07	175.92
4	九坝	C	793.64	473.25	87	龙井	A	287.04	191.34
5	长岗	A	1506.48	1141.1	88	小龙塘	A	705.72	420.59
6	沙湾	C	482.61	343.43	89	施秉-镇远	C	4510.85	2412.39
7	松林	B	559.02	376.26	90	朱家场	B	425.77	387.84
8	夜郎坝	C	1001.05	540.84	91	万山	C	487.37	463.07
9	松坎	A	1098.01	841.83	92	新巴	A	340.83	197.69
10	安场	C	1884.05	1305.98	93	龙里	B	1349.84	1015.99
11	黄鱼江	B	1737.73	1538.49	94	贵定	C	454.18	219.77
12	松桃	A	1493.52	752.41	95	黄丝	C	2667.92	1911.23
12	蒲老场	C	989.14	821.48	96	王司	C	2578.17	1613.75
13	南白	A	314.48	251.24	97	凯里-施洞口	B	802.7	502.7
14	虾子场	A	611.76	582.91	98	可渡	B	574.71	281.33
15	两路口	B	244.71	186.18	99	树舍	C	569.08	410.88
16	道真	A	1073.71	861.42	100	可渡河	B	244.43	227.85
17	土坪	C	2175.46	1623.08	101	发耳	C	441.89	136.74
18	栗园	A	329.95	260.76	102	沟木底	C	1908.59	1079.27
19	镇南	C	1152.55	1036.13	103	百打龙场	B	722.79	398.33
20	谢坝	A	1490.45	1268.51	104	亦资孔	C	918.57	584.04
21	务川	C	1310.9	1108.53	105	鸡场坪	C	283.77	148.6
22	湄潭	C	2186.4	1559.46	106	乌图河	A	651.71	509.35
23	德江	A	1881.23	1465.65	107	兔场坪	A	343.59	148.4
24	凤岗-狮子场	C	2405.01	1734.56	108	茅口	B	126.57	49.714
25	沿河	C	1262.3	749.56	109	坝陵	C	320.01	243.36
26	许家坝地	A	1153.46	794.28	110	落别	A	434.24	364.9
27	印江	A	780.14	535.96	111	乐民	B	284.22	140.4
28	天堂	A	565.9	283.51	112	普安	C	813.23	518.09
29	公岭	B	341.06	189.4	113	木龙	B	238.28	184.69
30	木黄	B	432.28	171.52	114	归顺	B	275.7	151.53
31	赵家坝	A	606.77	368.89	115	猪场河	A	356.6	140.04
32	塘头	A	749.99	439.79	116	响水河	A	107.33	100.52

续表

序号	系统名称	类型	总面积/km²	碳酸盐岩面积/km²	序号	系统名称	类型	总面积/km²	碳酸盐岩面积/km²
33	石阡	A	1276.26	690.7	117	保田	A	185.27	122.56
34	石固	B	49.33	36.61	118	阿依	A	62.34	46.34
35	凯德场	A	950.63	420.56	119	雪甫	B	431.57	309.04
36	江口-寨英	C	550.85	133.18	120	石桥河	A	148.64	59.72
38	寨英	B	386.97	206.55	121	万屯	B	885.17	642.81
39	铜仁	C	1632.23	671.77	122	西泌	C	1033.88	759.58
40	谢桥	B	681.47	439.73	123	龙摆尾	A	258.69	124.24
41	太极	B	1945.23	909.48	124	水鸭	A	566.66	216.23
42	云贵	A	1110.51	1075.23	125	公德	A	617.62	445.89
43	威宁	A	1206.91	1063.28	126	梭江	A	575.6	569.01
44	可乐-妥古	C	691.93	252.59	127	断桥	A	210.95	180.96
45	毕节-赫章	C	2047.58	989.59	128	打邦河	A	579.99	479.06
46	妈姑	A	479.81	432.98	129	顶坛	C	162.49	159.59
47	锅厂	A	909.39	581.01	130	安西	A	172.28	161
48	二台坡	A	575.85	443.06	131	镇宁	C	143.3	139.77
49	水城	A	1832.78	1291.23	132	王二河	A	859.56	623.84
50	赤水河	A	1125.84	765.95	133	白水河	C	231.51	36.59
51	龙官	A	233.47	161.4	134	北盘江下游	C	2559.66	292.33
52	海子街-长春堡	C	399.79	249.11	135	哑呀-马坡	A	437.43	279.41
53	营盘	A	1235.47	774.13	136	杨武	C	914.35	588.48
54	威冲	B	562.88	345.43	137	格必河	A	1728.28	1176.59
55	维新	A	317.8	236.58	138	长顺	C	372.44	337.52
56	沙包	A	1082.23	608.01	139	涟江上游	C	1391.03	965.98
57	百兴-三塘	A	1355.34	1064.32	140	甲戎	A	839.88	662.77
58	堕却	B	287.16	123.88	141	大小井	A	1501.18	1097.65
59	中普	C	1922.06	1540.17	142	曹渡河上游	C	687.29	475.58
60	石关	A	361.19	236.59	143	曹渡河中下游	A	1344.73	833.78
61	朱仲河	A	80.33	79.84	144	雄武	C	246.26	151.04
62	启化	A	296.35	218.15	145	棒鲊	B	448.66	409.87
63	新场	B	1089.84	984.99	146	兴义	C	956.94	862.57
64	岩口	B	379.66	214.41	147	泥达	B	100.33	70.13
65	羊场	A	98.49	67.69	148	天生桥	A	263.42	260.28
66	织金	B	978.84	737.47	149	长田-八坎-屯脚	A	890.19	847.39
67	熊家	A	815.89	513.29	150	四方洞	A	1281.31	870.57
68	普定	A	870.07	783.57	151	者塘	A	238.7	100.29
69	中枢北翼	A	828.54	709.66	152	那郎电站	A	449.99	428.34

续表

序号	系统名称	类型	总面积/km²	碳酸盐岩面积/km²	序号	系统名称	类型	总面积/km²	碳酸盐岩面积/km²
70	岩孔	B	628.51	395.7	153	洛帆	A	830.63	581.12
71	平寨	B	719.06	642.5	154	播东-望谟	A	1114.11	206.14
72	中枢	A	539.51	338.47	155	述里	A	1081.8	427.66
73	黄泥堡	B	454.62	370.42	156	从里	A	260.66	223.45
74	官田	A	550.66	522.45	157	边阳-罗化	A	481.26	210.83
75	革木	A	1535.68	1402.25	158	涟江下游	C	628.76	216.15
76	朵朵	A	928.53	789.15	159	罗甸-沫阳	B	484.47	183.63
77	猫场-大关地	A	1314.47	945.12	160	六硐河	A	2807.56	1823.99
78	卫城-平坝	C	3196.97	2436.42	161	地峨大河	A	1655.01	1213.41
79	息烽-开阳	C	2364.7	1877.86	162	都柳江上游	C	1682.61	955.76
80	羊昌	C	2267.34	1688.11	163	周覃	C	505.67	430.44
81	贵阳-龙岗	C	1748.41	1306.57	164	打狗河	A	853.57	633.91
82	汪家大井	B	451.41	300.07	165	茂兰	A	1154.1	796.27
83	黄连坝	B	1907.66	1343.53		合计		147271.8	98862.6

注：A 表示地下河系统；B 表示岩溶大泉系统；C 表示分散排泄系统。

3.不同保证率降水量

椐贵州省各市、县、区气象站提供的 2005～2014 年降水量序列资料，用式(4.7)分别计算出各县多年平均、偏枯年及特枯年的降水量。

从各市、县、区降水量序列资料中选择出一个完整的降水周期，按式(4.7)对年降水量序列进行概率统计检验：

$$
\begin{cases}
P = \dfrac{m}{n+1} \times 100\% \\[2mm]
C_s = \dfrac{\sum (K_i - 1)^3}{(n-3)C_V^{\ 3}} \\[2mm]
\bar{P} = \dfrac{1}{n} \sum P_i \\[2mm]
C_V = \sqrt{\dfrac{\sum\limits_{1}^{n} (K_i - 1)^2}{n-1}} \\[2mm]
\delta = \sqrt{\dfrac{\sum (P_i - \bar{P})}{n-1}}
\end{cases}
\tag{4.7}
$$

式中，P 为保证率；m 为周期内降水量按大小排列的序号；n 为气象资料年限数；$\bar{P}$ 为多年平均降水量(mm)；P_i 为年降水量(mm)；δ 为均方差；C_V 为变差系数；C_s 为偏态系数；K_i 为年降水量模比系数，$K_i = \dfrac{P_i}{\bar{P}}$。

　　检验结果为年降水量服从正态分布。据此，采用皮尔逊Ⅲ型分布作为概率模型，进行理论频率曲线选配(图 4.4)，按与经验曲线拟合最好的 X 值确定参数。通过查皮尔逊Ⅲ型分布 Φ 值表，用式(4.8)计算各县 50%、75%、95%保证率的降水量。

$$X_P = X - \Phi\delta \tag{4.8}$$

式中，X_P 为各县不同保证率降水量(mm)；Φ 为皮尔逊Ⅲ型曲线均离系数；δ 为均方差；X 为平均降水量(mm)。

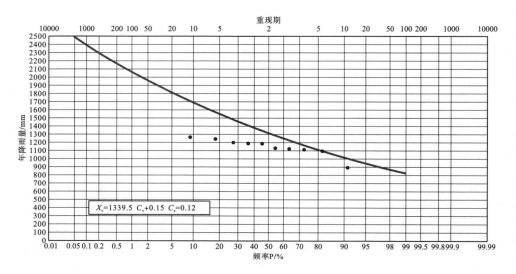

图 4.4　多年降水量 PⅢ频率曲线(贵阳)

　　省内各县不同保证率降水量计算结果见表 4.3。

表 4.3　贵州省各地不同保证率降水量

地区	不同保证率降水量/mm				地区	不同保证率降水量/mm			
	多年平均	50%	75%	95%		多年平均	50%	75%	95%
贵阳	1093.57	1064.86	899.46	706.72	三穗	1044.05	1025.26	895.79	739.19
息烽	1078.22	1058.81	925.11	763.38	镇远	1025.53	1007.07	879.90	726.08
修文	1066.76	1047.56	915.28	755.27	岑巩	1121.24	1101.06	962.02	793.84
开阳	1116.99	1096.88	958.38	790.83	天柱	1270.82	1237.46	1045.25	821.27
清镇	1108.22	1088.27	950.85	784.62	锦屏	1174.51	1153.37	1007.73	831.55
白云	1104.12	1315.41	1149.31	948.38	剑河	1060.76	1041.67	910.13	751.02
花溪	1086.20	1057.69	893.40	701.96	台江	1049.98	1031.08	900.88	743.39
乌当	1050.02	1012.22	826.37	618.46	黎平	1218.66	1204.95	1088.87	943.55
安顺市	1142.99	1101.84	899.53	673.22	榕江	1148.07	1135.15	1025.80	888.89
平坝	1224.81	1180.72	963.93	721.41	从江	1112.87	1100.35	994.35	861.64
镇宁	1311.5	1214.08	892.45	582.62	雷山	1242.77	1220.40	1066.30	879.88
关岭	1244.46	1211.79	1023.57	804.23	麻江	1214.37	1188.72	1024.69	829.12

续表

地区	不同保证率降水量/mm				地区	不同保证率降水量/mm			
	多年平均	50%	75%	95%		多年平均	50%	75%	95%
普定	1227.78	1175.51	940.11	683.64	丹寨	1418.43	1392.90	1217.01	1004.25
紫云	1220.7	1314.38	1133.00	916.77	毕节市	867.17	851.56	744.03	613.96
水城	1108.81	1081.67	919.87	729.86	大方	1044.93	1026.12	896.55	739.81
六枝	1205.13	1173.50	991.22	778.82	黔西	909.04	876.31	715.41	535.42
盘州	1029.38	992.32	810.12	606.30	金沙	1001.53	980.38	845.09	683.80
遵义市	900.45	884.24	772.59	637.52	织金	1206.08	1162.66	949.18	710.38
播州	957.77	940.53	821.77	678.10	纳雍	1115.84	1095.75	957.39	790.01
赤水	1152.97	1132.22	989.25	816.30	威宁	917.72	884.68	722.25	540.54
仁怀	994.45	976.55	853.24	704.07	赫章	850.08	834.78	729.37	601.86
桐梓	898.36	882.19	770.79	636.04	都匀市	1324.35	1296.38	1117.49	904.21
绥阳	986.18	968.43	846.14	698.22	荔波	1137.24	1116.77	975.75	805.17
正安	988.42	970.63	848.06	699.80	贵定	1090.30	1070.67	935.48	771.93
道真	1032.28	1013.70	885.70	730.85	福泉	1128.56	1108.25	968.30	799.02
务川	1089.45	1069.84	934.75	771.33	瓮安	1047.48	1028.63	898.74	741.62
凤冈	1120.79	1100.62	961.64	793.52	独山	1284.53	1261.41	1102.13	909.45
湄潭	1013.36	995.12	869.46	717.46	平塘	1158.44	1137.59	993.94	820.18
余庆	1050.31	1031.40	901.17	743.62	罗甸	1123.22	1093.74	923.85	725.88
习水	1003.35	985.29	860.87	710.37	长顺	1280.50	1257.45	1098.67	906.59
凯里市	1136.42	1112.42	958.91	775.90	龙里	1033.12	1014.52	886.42	731.45
黄平	1065.61	1046.43	914.29	754.45	惠水	1159.94	1133.53	970.52	777.64
施秉	999.39	981.40	857.48	707.57	三都	1276.42	1253.44	1095.17	903.71
铜仁市	1211.21	1189.41	1039.22	857.54	万山	1327.69	1303.79	1139.16	940.00
江口	1315.36	1268.01	1035.19	774.75	兴义市	1345.82	1297.37	1059.16	792.69
玉屏	1142.91	1122.34	980.62	809.18	兴仁	1273.23	1237.48	1038.19	807.79
石阡	1067.27	1028.85	839.94	628.62	普安	1252.29	1229.75	1074.46	886.62
思南	1037.91	1019.23	890.53	734.84	晴隆	1392.24	1355.69	1145.12	899.74
印江	1056.09	1028.37	868.63	682.50	贞丰	1208.86	1170.27	968.54	739.05
德江	1185.14	1158.15	991.61	794.53	望谟	1156.60	1114.96	910.24	681.24
沿河	1113.22	1089.71	939.34	760.06	册亨	1165.38	1140.77	983.35	795.67
松桃	1251.50	1213.99	1011.59	779.45	安龙	1119.93	1099.77	960.90	792.91

4.大气降水入渗系数

大气降水入渗系数法是根据大气降水和地下水的关系,利用多年的降水序列资料,通过分析统计降水渗入系数的方法计算地下水的天然补给量。

充分利用贵州省 2006 年以来在水文地质调查、勘查工作中布设的地下河、岩溶泉地下水动态监测点的监测资料及典型水点的测流资料进行计算,未开展监测工作的区域,利

用最近且水文地质条件相似区域的监测资料进行类比。大气降水入渗系数计算式为

$$\alpha = \frac{Q}{0.1FX} \tag{4.9}$$

式中，α 为大气降水入渗系数；Q 为观测年地下河或岩溶泉流量（万 m^3/a）；X 为观测年降水量（mm）；F 为地下河或岩溶泉流域面积（km^2）。

同一块段若包含不同含水岩组，则入渗系数 α 为

$$\alpha = \frac{\sum\limits_{i=1}^{n} \alpha_i \cdot F_i}{\sum\limits_{i=1}^{n} F_i} \tag{4.10}$$

式中，α 为块段入渗系数；α_i 为不同含水岩组入渗系数；F_i 为不同含水岩组分布面积（km^2）。

据上述原则求得各块段大气降水入渗系数，各系统大气降水入渗系数如表 4.4 所示。

表 4.4 贵州省岩溶区主要含水岩组资源量计算参数表

含水岩组代号	参数			资料来源
	降水入渗系数 α	$M_{枯}$/(L·s^{-1}·km^{-2})	$M_{平}$/(L·s^{-1}·km^{-2})	$M_{丰}$/(L·s^{-1}·km^{-2})	
$J_{1-2}z$	0.039	0.93	1.11	1.87	
T_2sh	0.22	2.74	7.4	12.66	
T_2g	0.21～0.23	2.35～4.87	6.69～7.03	10.56～10.69	
T_1m	0.31	4.42	10.4	13.24	贵州重点地区岩溶流域水文地质及环境地质调查——白浦河、野纪河岩溶流域项目
T_1yn	0.24	2.69	7	11.47	
T_1y	0.35	4.92	10.42	15.98	
T_1f	0.03	0.59	0.87	1.49	
P_2q+m	0.26～0.34	3.13～4.76	7.77～10.09	13.23～13.39	
$\text{€}_{2-3}ls$	0.28	1.16	8.15	13.89	
T_1	0.32～0.41	1.28～2.49	3.08～4.0	8.62～14.67	
P_2	0.32	1.25	3.13	11	
S_1lm	0.031	0.29	0.3	0.4	
$O_1t+h-\text{€}_3$	0.23～0.24	1.4～1.59	3.33～4.03	6.33～6.67	贵州重点地区岩溶流域水文地质及环境地质调查——芙蓉江、洪渡河岩溶流域项目
€_3	0.17～0.23	1.26～1.62	3.42～3.8	6.73～9.17	
$\text{€}_{2-3}ls$	0.184	1.66	1.8	2.4	
€_1j	0.026	0.03	0.25	1.0	
S_1sh	0.025	0.837	1.0	-	
$\text{€}_{2-3}ls$	0.213	2.345	8.626	-	
€_2a	0.234	2.472	9.088	-	
€_2s	0.18～0.20	3.47～4.63	5.84～6.85	-	贵州重点地区岩溶流域水文地质及环境地质调查——锦江、舞阳河岩溶流域项目
€_1q	0.21～0.39	1.87～4.76	8.7～15.9	-	
€_1n	0.039	1.28	1.5	-	
Zbd	0.052	1.653	2.091	-	

续表

含水岩组代号	参数				资料来源
	降水入渗系数 α	$M_{枯}/(\mathrm{L \cdot s^{-1} \cdot km^{-2}})$	$M_{平}/(\mathrm{L \cdot s^{-1} \cdot km^{-2}})$	$M_{丰}/(\mathrm{L \cdot s^{-1} \cdot km^{-2}})$	
T_3h	0.034	0.253	0.98	3.43	
T_3b	0.012	0.173	0.75	2.25	
T_3ls	0.074	1.323	2.53	5.52	
T_3z	0.271	3.818	8.33	17.3	
T_2y	0.391	3.887	8.25	22.13	
T_2l	0.391	3.887	8.25	22.13	
T_2b	0.026	0.127	0.87	1.25	
T_2g	0.29～0.42	2.73～4.66	7.36～9.33	18.12～25.18	
T_2p	0.29	2.599	6.35	19.6	
T_2x	0.11	1.012	1.67	8.03	贵州重点地区岩溶流域水文地质及环境地质调查——麻沙河、大田河岩溶流域项目
T_1yn	0.21～0.27	2.67～4.31	8.14	7.35～15.06	
T_1a	0.221	3.427	6.35	16.3	
T_1f	0.11～0.20	1.16～2.22	2.32～5.38	6.33～13.52	
T_1y^2	0.227	4.347	9.33	23.16	
T_1y1	0.024	0.61	1.04	4.25	
T_1l	0.144	1.461	3.56	11.22	
P_3l	0.077	0.288	0.92	4.35	
P_3c	0.234	3.818	7.33	16.07	
P_3w+c	0.234	3.818	7.33	16.07	
P_2m	0.429	5.003	11.22	35.15	
P_2q	0.429	5.003	11.22	35.15	
D_2d～C_1b	0.333	2.15	8.63	20.41	大小井岩溶流域地下水与地质环境调查项目
C_1d1～C_2hn	0.333	1.91	6.82	22.02	
T_2b～P_2m	0.32	3.958	6.01	16.16	
J_2	0.01	0.33	0.42	0.57	
T_2s	0.03	0.79	0.98	1.57	
T_1m	0.13	0.69	2.12	10.42	
T_1y	0.09	0.79	2.25	6.76	
$P_2q\text{-}m$	0.26	2.78	8.7	15.93	
O_{2+3}	0.24	1.17	4.11	18.43	贵州重点地区岩溶流域水文地质及环境地质调查——湘江、綦江岩溶流域项目
$O_1t\text{-}h$	0.11	1.15	3.55	7.1	
O_1m	0.11	1.25	2.8	9.26	
$\in_{2\text{-}3}ls$	0.13～0.3	3.65～7.67	7.29～7.68	8.58～22.24	
$\in_2g$	0.14	1.76	3.75	9.55	
$\in_1j$	0.07	0.97	2.71	3.88	
$\in_1m$	0.05	0.74	1.58	3.16	

续表

含水岩组代号	参数				资料来源
	降水入渗系数 α	$M_{枯}$/(L·s^{-1}·km^{-2})	$M_{平}$/(L·s^{-1}·km^{-2})	$M_{丰}$/(L·s^{-1}·km^{-2})	
T$_1$yn	0.16	5.26	7.54	11.02	
T$_1$y	0.103	3.08	3.5	3.95	
T$_1$m	0.25～0.27	3.78～4.54	8.43～9.12	11.67～14.64	
P$_2$q+m	0.341	2.54	5.73	16.84	贵州省毕节地区地下水资源勘查项目
$\in_{2+3}$ls	0.16～0.23	1.68～4.63	3.9～9.0	7.34～12.27	
$\in_1$q	0.18	3.62	9.41	18.65	
$\in_1$j	0.08～0.23	0.42～0.96	2.88～3.13	3.86～4.04	
$\in_1$m	0.05	0.94	1.96	2.25	
Zbdn	0.24～0.29	3.38～4.9	7.78～8.7	12.61～14.52	
Jzl	0.12	0.75	1.5	-	
T$_3$e	0.12	0.75	1.5	-	
T$_2$bd	0.276	2.639	6.76	-	贵州重点地区岩溶地下水与环境地质调查——道真向斜岩溶流域调查项目
T$_1$y	0.348	3.566	10.23	-	
T$_1$m	0.394	3.274	11.58	-	
P$_3$w	0.297	3.247	8.88	-	
P$_2$	0.398	4.028	11.7	-	
T$_1$y^2	0.35	3.88	8.53	10.36	
T$_{1-2}$j	0.35	5.06	12.33	16.52	
T$_2$y	0.4	6.11	12.88	27.2	
T$_2$p	0.4	6.11	12.88	27.2	
T$_2$g	0.22	2.31	3.47	6.32	贵州省南盘江干流水文地质调查项目
T$_1$x	0.2	2.16	3.23	4.15	
T$_3$b	0.12	1.74	2.58	3.16	
T$_1$y^{1+3}	0.1	1.75	2.63	3.05	
P$_3$l-c	0.12	1.97	2.96	3.82	

5.地下水径流模数

以近十余年来贵州省开展的岩溶流域水文地质调查区工作中地下水动态观测资料为基础，结合地下水勘查、2012 年枯季测量以及 1∶5 万水文地质编图中获得的部分数据，计算出不同含水岩组地下水径流模数，然后以各计算块段中不同含水岩组分布面积占块段总面积为权重，采用加权平均的方法，求获各计算块段地下水径流模数。筛选出 162 处有动态长期观测序列资料的泉或地下河，直接利用观测序列资料及泉域面积，按式(4.11)计算泉(地下河)所在层位的年平均及枯季地下水径流模数，计算结果见表 4.4。

$$M = \frac{Q}{F} \tag{4.11}$$

式中，M 为地下水径流模数(L·s^{-1}·km^{-2})；Q 为地下水总径流量(L/s)；F 为流域面积(km^2)。

4.2.3 岩溶地下水天然资源

采用大气降水入渗系数法计算得出贵州省岩溶区多年平均地下水资源补给量为 305.56 亿 m³/a，偏枯年地下水资源补给量为 257.44 亿 m³/a，特枯年地下水资源补给量为 171.52 亿 m³/a。用径流模数法计算得出地下水资源补给量为 261.17 亿 m³/a（表 4.5）。

表 4.5 贵州省岩溶地下水系统资源量计算统计表

流域	系统名称	类型	天然补给量/(万 m³/a)				可开采量/(万 m³/a)
			入渗系数法计算不同保证率天然补给量			径流模数法	枯季径流模数法
			0.50	0.75	0.95		
长江流域	习水	地下河系统	11432.61	9742.70	1162.21	12770.00	3060.81
	吼滩坝	岩溶大泉系统	3651.49	3151.38	184.13	4092.95	904.77
	桑木场	岩溶大泉系统	9535.20	8160.15	806.98	10792.35	3151.82
	九坝	分散排泄系统	10090.68	8628.40	887.61	10928.24	2845.21
	长岗	地下河系统	14343.71	12340.41	906.36	17371.40	2369.75
	沙湾	分散排泄系统	6249.15	5366.26	442.63	5807.66	1257.01
	松林岩	岩溶大泉系统	8460.31	7268.63	582.54	5636.97	1542.11
	夜郎坝	分散排泄系统	7785.99	6560.96	1141.56	9413.24	1684.38
	松坎	地下河系统	11898.76	10273.32	580.41	22743.86	6828.57
	安场	分散排泄系统	26909.40	23162.44	1647.68	18520.66	4974.23
	黄鱼江	岩溶大泉系统	36438.98	31745.94	432.22	41285.97	12315.68
	松桃	地下河系统	21705.23	17656.37	1444.13	22232.82	5013.64
	蒲老场	分散排泄系统	18800.97	16349.97	362.90	10182.95	2848.28
	南白	地下河系统	7216.23	6271.76	157.21	4007.65	1438.91
	虾子场	地下河系统	23871.82	20843.79	64.16	12254.56	1586.25
	两路口	岩溶大泉系统	5341.18	4643.05	111.93	2958.73	1047.27
	道真	地下河系统	32970.56	28412.90	1861.75	25424.74	6264.13
	土坪	分散排泄系统	51233.89	44518.45	1159.67	25923.68	9181.97
	栗园	地下河系统	12076.33	10449.69	480.24	6181.32	816.64
	镇南	分散排泄系统	21004.18	18292.98	278.37	12929.97	3120.70
	谢坝	地下河系统	25072.23	21724.98	855.96	19958.84	3950.06
	务川	分散排泄系统	38007.04	33108.63	468.27	17163.02	6054.17
	湄潭	分散排泄系统	38812.03	33434.52	2249.00	22611.10	6188.37
	德江	地下河系统	55810.37	47531.04	1023.58	24128.40	4105.11
	凤岗-狮子场	分散排泄系统	32349.82	27941.37	1527.27	26261.46	5258.95
	沿河	分散排泄系统	27869.95	23739.20	1208.09	12652.16	2282.47
	许家坝	地下河系统	27246.23	22813.42	735.43	13955.36	2532.91
	印江	地下河系统	20620.72	17276.75	516.61	10215.22	1579.94

续表

流域	系统名称	类型	天然补给量/(万 m³/a)				可开采量/(万 m³/a)
			入渗系数法计算不同保证率天然补给量			径流模数法	枯季径流模数法
			0.50	0.75	0.95		
长江流域	天堂	地下河系统	10230.00	8478.00	597.46	4877.54	917.24
	公岭	岩溶大泉系统	5357.82	4376.53	295.53	5477.80	1200.65
	木黄	岩溶大泉系统	3847.58	3099.47	551.68	2799.29	638.60
	赵家坝	地下河系统	14390.70	12022.52	487.05	7593.58	1280.02
	塘头	地下河系统	19541.22	15750.00	604.48	9545.98	1372.65
	石阡	地下河系统	24607.73	19705.84	1141.09	11776.28	2172.18
	石固	岩溶大泉系统	1038.85	837.85	30.53	955.08	188.26
	凯德场	地下河系统	14719.63	11326.70	2053.33	14071.11	2898.12
	江口-寨英	分散排泄系统	5978.99	4497.37	1627.74	5894.92	1306.39
	寨英岩	岩溶大泉系统	6436.25	5153.77	703.13	6450.45	1299.03
	铜仁	分散排泄系统	21474.25	18082.10	3212.17	22121.55	5896.59
	谢桥	岩溶大泉系统	12578.05	10770.19	1036.49	12912.25	2544.03
	太极	岩溶大泉系统	26082.37	20728.95	1679.58	28161.59	8569.85
	云贵	地下河系统	27679.60	22578.31	57.19	29606.17	8656.56
	威宁	地下河系统	27774.78	22573.46	302.78	29759.12	8797.85
	可乐-妥古	分散排泄系统	8786.16	6933.50	712.43	8029.77	1893.83
	毕节-赫章	分散排泄系统	25455.63	21828.41	1948.68	29150.94	9038.00
	妈姑	地下河系统	10634.46	9268.33	109.91	12070.51	3559.84
	锅厂	地下河系统	15777.88	12702.00	532.50	16957.18	5061.33
	二台坡	地下河系统	11158.38	9683.35	311.68	12700.39	3808.67
	水城	地下河系统	31428.72	26326.19	1541.51	30598.85	11374.66
	赤水河	地下河系统	14131.65	12164.63	861.71	17396.12	6122.47
	龙官	地下河系统	3414.08	2954.85	132.74	3692.35	944.52
	海子街-长春堡	分散排泄系统	4592.29	3953.60	277.52	5643.96	1949.28
	营盘山	地下河系统	19538.06	16452.85	2917.40	21744.06	7088.72
	威冲	岩溶大泉系统	6860.31	5883.72	520.66	8484.24	3184.90
	维新	地下河系统	5507.78	4771.09	194.48	6049.65	1727.23
	沙包	地下河系统	15928.53	13607.68	1461.08	15309.35	5784.69
	百兴-三塘	地下河系统	25292.08	21952.33	689.72	24289.51	8864.01
	堕却	岩溶大泉系统	3608.34	2943.82	381.48	3228.48	1192.25
	中普	分散排泄系统	39209.12	33558.14	1018.42	38532.19	10493.27
	石关	地下河系统	8637.75	7488.46	276.54	7384.92	2522.22
	朱仲河	地下河系统	1711.55	1495.13	1.40	1756.46	638.83
	启化	地下河系统	7851.77	6823.54	173.54	6695.72	2280.17
	新场	岩溶大泉系统	21509.92	18729.73	302.52	22074.72	8074.21

续表

流域	系统名称	类型	天然补给量/(万 m³/a)				可开采量/(万 m³/a)
			入渗系数法计算不同保证率天然补给量			径流模数法	枯季径流模数法
			0.50	0.75	0.95		
长江流域	岩口	岩溶大泉系统	8531.14	7370.94	391.64	6854.84	2350.66
	羊场	地下河系统	1749.75	1406.41	65.64	1583.00	579.02
	织金	岩溶大泉系统	23992.52	19414.25	514.40	20027.65	6056.79
	熊家场	地下河系统	17358.52	13649.60	620.59	14357.05	4382.61
	普定	地下河系统	19525.31	15548.75	177.40	17486.17	6367.36
	中枢北翼	地下河系统	14093.30	12260.52	251.08	15115.89	5168.06
	岩孔	岩溶大泉系统	9076.92	7773.58	742.09	10887.47	1759.83
	平寨	岩溶大泉系统	14476.63	12441.85	157.04	13915.96	3921.11
	中枢南翼	地下河系统	10765.29	9293.32	531.67	5875.17	2164.98
	黄泥堡	岩溶大泉系统	7147.34	6208.56	171.28	7958.61	2725.01
	官田	地下河系统	13494.50	11778.40	57.37	14845.30	4198.87
	革木	地下河系统	32299.80	26297.16	214.32	34292.32	9461.84
	朵朵坝	地下河系统	22167.48	19300.69	319.17	19498.31	5404.65
	猫场-大关	地下河系统	22668.34	19621.74	869.37	21913.20	8008.88
	卫城-平坝	分散排泄系统	55648.18	48256.16	1723.24	55895.48	20408.29
	息烽-开阳	分散排泄系统	40981.14	35570.08	1114.92	40532.69	13889.0.
	羊昌	分散排泄系统	37987.87	32706.00	2290.34	36402.35	11299.97
	贵阳-龙岗	分散排泄系统	29947.00	24869.68	1561.24	29543.23	10116.65
	汪家大井	岩溶大泉系统	7151.09	5952.83	320.86	7062.96	2585.03
	黄连坝	岩溶大泉系统	40464.50	35088.95	1255.10	23651.71	5055.36
	永兴	分散排泄系统	18610.66	16181.16	374.88	9724.95	1709.03
	柿坪	岩溶大泉系统	12263.44	10541.24	820.10	7416.00	1704.07
	牛打场	岩溶大泉系统	5929.11	4865.14	1488.30	6187.43	1694.86
	龙井	地下河系统	4550.85	3927.90	227.90	4484.36	1542.8
	小龙塘	地下河系统	12351.15	10532.53	1222.51	12660.75	2517.17
	施秉-镇远	分散排泄系统	58460.10	49851.56	5790.74	66470.04	17540.53
	朱家场	岩溶大泉系统	10001.84	8712.01	126.83	9260.62	2014.2
	万山	分散排泄系统	11183.46	9754.07	81.27	10250.02	3511.81
	新巴	地下河系统	4876.45	4190.48	331.49	4787.87	1756.93
	龙里	岩溶大泉系统	35340.01	30722.54	732.57	34346.66	5006.57
	贵定	分散排泄系统	5662.86	4832.82	542.84	5556.03	2046.53
	黄丝	分散排泄系统	46558.48	40074.47	2854.42	47575.13	10918.03
	王司	分散排泄系统	43601.42	36702.10	3741.42	41983.32	9861.95
	凯里-施洞口	岩溶大泉系统	13580.00	11431.50	1163.83	13180.08	2945.13

流域	系统名称	类型	天然补给量/(万 m³/a)				可开采量/(万 m³/a)
			入渗系数法计算不同保证率天然补给量			径流模数法	枯季径流模数法
			0.50	0.75	0.95		
珠江流域	可渡	岩溶大泉系统	9885.08	7675.66	1173.51	10617.62	3157.07
	树舍	分散排泄系统	11418.20	9109.06	632.79	13490.09	3684.95
	可渡河	岩溶大泉系统	10706.00	9081.26	89.51	12468.27	2442.75
	发耳	分散排泄系统	7175.80	5673.37	1648.04	6762.41	1986.67
	沟木底	分散排泄系统	39982.65	32835.83	4479.08	39511.46	10830.21
	百打龙场	岩溶大泉系统	16384.95	13477.83	1752.37	14137.52	4217.17
	亦资孔	分散排泄系统	17416.53	14041.40	527.35	15048.23	4701.69
	鸡场坪	分散排泄系统	4560.65	3651.64	213.08	3947.14	1209.68
	乌图河	地下河系统	27326.40	23806.16	328.18	27842.66	5395.47
	兔场坪	地下河系统	9605.44	8121.18	1280.60	9937.43	2103.85
	茅口	岩溶大泉系统	3273.64	2640.42	457.39	1970.93	736.69
	坝陵	分散排泄系统	9110.53	7571.03	456.17	6696.41	2135.13
	落别	地下河系统	12442.37	10471.40	140.41	10759.87	2900.29
	乐民	岩溶大泉系统	5514.59	4285.14	645.24	5273.38	1568.39
	普安	分散排泄系统	26944.72	22411.23	5338.31	22320.57	5497.55
	木龙	岩溶大泉系统	6258.27	5028.36	240.44	5600.72	1685.94
	归顺	岩溶大泉系统	5723.68	4485.48	557.10	5385.46	1606.35
	猪场河	地下河系统	5559.56	4212.14	971.60	5552.64	1708.35
	响水河	地下河系统	2899.19	2356.60	30.55	2521.20	812.83
	保田	地下河系统	3934.32	3117.36	281.34	3609.99	1142.35
	阿依	地下河系统	1430.93	1144.07	71.77	1288.94	410.47
	雪甫	岩溶大泉系统	11970.00	10288.13	803.94	8751.87	2781.43
	石桥	地下河系统	2925.08	2302.40	531.56	2334.06	718.96
	万屯	岩溶大泉系统	26146.96	20868.23	1421.63	18080.89	5750.67
	西泌	分散排泄系统	27557.08	23943.27	632.33	19191.49	6071.95
	龙摆尾	地下河系统	6234.83	5260.63	882.12	7084.88	1595.09
	水鸭	地下河系统	11985.67	9457.96	2094.78	13477.88	3099.99
	公德	地下河系统	17332.91	14248.74	1026.55	14639.98	3999.06
	梭江	地下河系统	23841.26	20105.21	120.83	17464.13	4555.74
	断桥	地下河系统	6357.96	5353.31	62.71	4488.69	1437.15
	打邦河	地下河系统	20694.36	17422.47	211.03	16686.01	3918.7
	顶坛	分散排泄系统	5359.60	4430.79	15.86	3924.68	1268.43
	安西	地下河系统	5183.34	4212.74	56.18	4884.90	954.10
	镇宁	分散排泄系统	4878.64	3578.12	15.22	4754.30	1113.66
	王二河	地下河系统	24423.99	19800.77	412.60	21621.11	4671.11

续表

| 流域 | 系统名称 | 类型 | 天然补给量/(万 m³/a) | | | | 可开采量/(万 m³/a) |
| | | | 入渗系数法计算不同保证率天然补给量 | | | 径流模数法 | 枯季径流模数法 |
			0.50	0.75	0.95		
珠江流域	白水河	分散排泄系统	3435.08	2649.18	1322.28	2925.61	846.68
	北盘江下游	分散排泄系统	17846.38	13417.18	4356.74	13384.76	3038.00
	哑呀-马坡	地下河系统	12292.34	10507.20	376.63	8047.65	2367.31
	杨武	分散排泄系统	23406.27	18562.89	1623.40	19373.87	5803.34
	格必	地下河系统	54853.67	46401.30	3742.68	37751.75	11325.29
	长顺	分散排泄系统	13906.20	12100.60	234.29	9614.31	2905.73
	涟江上游	分散排泄系统	38604.41	32446.13	2445.96	30719.40	9220.49
	甲戎	地下河系统	25050.99	21359.65	358.09	20231.95	4135.56
	大小井	地下河系统	43244.16	35935.90	2167.57	39964.52	6083.97
	曹渡河上游分	分散排泄系统	22160.87	18768.73	1416.52	16413.49	3642.44
	曹渡河中下游	地下河系统	32479.70	28147.47	1089.58	26325.57	5489.90
	雄武	分散排泄系统	6511.23	5127.94	558.56	5324.21	1457.70
	棒鲆	岩溶大泉系统	21164.16	17201.72	227.53	15146.46	3457.40
	兴义	分散排泄系统	44661.68	36275.27	553.56	32000.82	7311.43
	泥达岩	岩溶大泉系统	3847.44	3081.46	177.16	2823.75	657.11
	天生桥	地下河系统	13233.49	10797.49	18.43	9406.67	2135.77
	长田-八坎-屯脚	地下河系统	26966.73	23508.39	251.10	25028.43	6811.23
	四方洞	地下河系统	34532.05	28270.53	2455.26	29326.78	8017.71
	者塘	地下河系统	4551.08	3531.53	756.95	4276.13	1177.05
	那郎电站	地下河系统	12147.99	10017.17	118.38	11115.01	3409.55
	洛帆	地下河系统	21585.12	17440.57	1364.56	19333.03	5283.33
	播东-望谟	地下河系统	17501.64	13633.63	6159.77	14607.98	4240.87
	述里	地下河系统	20870.65	16670.54	3513.68	20467.01	3752.58
	从里	地下河系统	8439.50	7074.08	199.90	7692.83	1113.53
	边阳-罗化	地下河系统	8775.14	7015.92	1452.64	7811.55	2417.22
	涟江下游	分散排泄系统	10904.79	8606.50	2216.30	10002.16	2946.33
	罗甸-沫阳	岩溶大泉系统	8171.62	6461.61	1615.95	7447.18	2287.01
	六硐河	地下河系统	78845.56	68396.89	2325.72	58609.93	10511.67
	地峨大河	地下河系统	47893.38	41288.23	2631.15	40906.58	9019.26
	都柳江上游	分散排泄系统	50188.08	42278.37	7422.54	38833.50	6095.88
	周覃	分散排泄系统	16629.08	14434.28	448.23	14854.02	2154.900
	打狗河	地下河系统	24929.37	21504.15	1308.75	21261.75	4681.15
	茂兰	地下河系统	31413.32	26994.92	2132.04	25395.95	7621.33
合计			3055562	2574417.6	171517	2611681.8	677618.42

4.2.4 岩溶地下水可开采资源量

采用枯季径流模数法计算贵州省岩溶地区地下水可开采资源量为 67.76 亿 m³/a。其中，黔中贵阳-安顺、黔东独山-凯里-玉屏以及黔北正安-道真一带地下水系统的总资源量大于 0.9 亿 m³/a，主要位于白云岩出露地区，其地下水系统的面积一般均较大；黔西和黔西南地区地下水系统的可开采资源总量多在 0.3 亿～0.9 亿 m³/a；而黔北遵义和黔东北梵净山周边地区受地质构造的作用，岩溶地下水系统面积较小，导致地下水系统可开采资源量总体小于 0.3 亿 m³/a(图 4.5)。

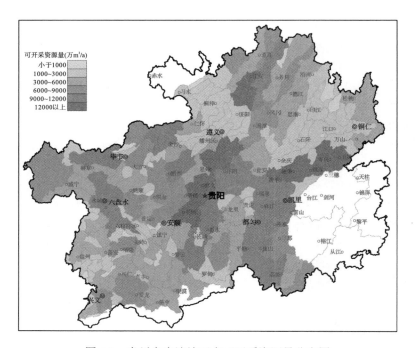

图 4.5 贵州省岩溶地下水可开采资源量分布图

4.3 贵州岩溶地下水资源功能性评价

4.3.1 资料来源

本次评价的水质分析数据来源于 2007～2015 年贵州省地下水机井工程和"西南山区岩溶地下水污染调查评价(贵州)项目"共计 4654 组水样(图 4.6)，检测单位为贵州省地质矿产中心实验室(国土资源部贵阳矿产资源监督检测中心)。水质检测项目包括全分析、特殊分析、氰酚分析及细菌分析。

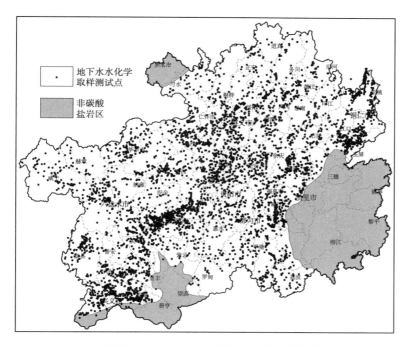

图 4.6　贵州省岩溶区地下水采样点分布图

4.3.2　岩溶地下水环境质量评价

1.评价标准及参评因子选择

基于《地下水质量标准》(GB/T14848—93)，采用参与水质质量评价的各项因子对应"标准"中规定的五个类型水赋值范围，以"从优不从劣"原则划分类别(表 4.6)，通过划分的类别来确定单项组分的评价分值 F_i(表 4.7)，然后综合各因子单项评价分值，以综合评价指数反映工作区水环境质量。

参评因子按"标准"中规定取 pH、NH_4^+、NO_3^-、NO_2^-、Fe、SO_4^{2-}、Cl^-、F、Pb、Cd、Cr^{6+}、As、Hg、Mn、CN^-、C_6H_5OH、总硬度、溶解性总固体、高锰酸盐指数(耗氧量)等 19 项指标。

表 4.6　地下水质量分类指标

项目序号	项目	标准值				
		Ⅰ类	Ⅱ类	Ⅲ类	Ⅳ类	Ⅴ类
1	pH		6.5～8.5		5.5～6.5, 8.5～9	<5.5, >9
2	氨氮(NH_4^+)	≤0.02	≤0.02	≤0.2	≤0.5	>0.5
3	硝酸盐(以 N 计)	≤2.0	≤5.0	≤20	≤30	>30
4	亚硝酸盐(以 N 计)	≤0.001	≤0.01	≤0.02	≤0.1	>0.1
5	总硬度(以 $CaCO_3$ 计)	≤150	≤300	≤450	≤550	>550
6	溶解性总固体	≤300	≤500	≤1000	≤2000	>2000

项目序号	项目	标准值				
		I类	II类	III类	IV类	V类
7	高锰酸盐指数	≤1.0	≤2.0	≤3.0	≤10	>10
8	铁(Fe)	≤0.1	≤0.2	≤0.3	≤1.5	>1.5
9	硫酸盐	≤50	≤150	≤250	≤350	>350
10	氯化物	≤50	≤150	≤250	≤350	>350
11	氟化物	≤1.0	≤1.0	≤1.0	≤2.0	>2.0
12	铅(Pb)	≤0.005	≤0.01	≤0.05	≤0.1	>0.1
13	镉(Cd)	≤0.0001	≤0.001	≤0.01	≤0.01	>0.01
14	铬(六价)(Cr^{6+})	≤0.005	≤0.01	≤0.05	≤0.1	>0.1
15	砷(As)	≤0.005	≤0.01	≤0.05	≤0.05	>0.05
16	汞(Hg)	≤0.00005	≤0.0005	≤0.001	≤0.001	>0.001
17	锰(Mn)	≤0.05	≤0.05	≤0.1	≤1.0	>1.0
18	氰化物	≤1.0	≤1.0	≤1.0	≤2.0	>2.0
19	挥发性苯酚(以苯酚计)	≤0.001	≤0.001	≤0.002	≤0.01	>0.01

表 4.7　水质指标分类评分分值表

类别	I类	II类	III类	IV类	V类
F_i	0	1	3	6	10

2.评价方法

根据各单项组分评分值,按式(4.12)计算出反映水质质量的综合评价指数(F):

$$F = \sqrt{\frac{\overline{F} + F_{\max}^2}{2}} \tag{4.12}$$

式中,$\overline{F}$ 为参评因子单项分值 F_i 的平均值,$\overline{F} = \frac{1}{n}\sum_{i=1}^{19} F_i$；$F_{\max}$ 为参评因子单项分值中的最大值；n 为样品组数。

根据式(4.12)计算得出的综合评价分值 F 可以确定地下水质量级别(表4.8)。

表 4.8　地下水质量分类说明表

级别	优良(I)	良好(II)	较好(III)	较差(IV)	极差(V)
F值	<0.80	0.80～2.5	2.50～4.25	4.25～7.20	>7.20
地下水分类说明	地下水化学组分的含量低于当地背景值,适用于各种用途	地下水化学组分的含量主要接近当地背景值,适用于各种用途	各种评价组分质量指标与GB5749—2006《生活饮用水卫生标准》相符。以人体健康基准为依据,主要适用于集中式生活饮用水水源及工农业用水	以农业和工业用水质量要求为依据,除适用于农业用水和部分工业要求外,经适当处理后,可作为生活饮用水	不能作为生活饮用水源,其他用水可根据使用目的选用

3.岩溶地下水环境质量评价结果

1)评价结果

通过 3973 组水样评价分析(表 4.9),贵州省岩溶区地下水质量总体较好,其中Ⅰ类、Ⅱ类水质的数量达到了统计品数的 85.6%,地下水水质处于良好级别以上,适用于各种用途;Ⅲ类水标准样品数为 197 件,占统计总数的 5.0%,主要适用于集中式生活饮用水水源及工、农业用水;Ⅳ类水质量的水样为 359 件,占样品数的 7.9%,适用于农业和部分工业用水,适当处理后可作生活饮用水(图 4.7)。

表 4.9　贵州省岩溶区地下水系统水环境质量评价统计表

名称	地下水质量评价结果					名称	地下水质量评价结果				
	Ⅰ类	Ⅱ类	Ⅲ类	Ⅳ类	Ⅴ类		Ⅰ类	Ⅱ类	Ⅲ类	Ⅳ类	Ⅴ类
习水地下河系统	3	6	1	0	2	黄连坝岩溶大泉系统	6	54	27	1	4
吼滩坝岩溶大泉系统	1	1	0	0	1	永兴分散排泄系统	4	19	4	0	1
桑木场岩溶大泉系统	0	2	1	0	1	柿坪岩溶大泉系统	1	11	5	0	2
九坝分散排泄系统	1	5	1	0	1	牛打场岩溶大泉系统	1	23	2	0	2
长岗地下河系统	0	13	0	2	1	龙井地下河系统	0	4	1	0	0
沙湾分散排泄系统	1	8	1	0	0	小龙塘地下河系统	3	27	3	0	2
松林岩溶大泉系统	7	25	4	3	4	施秉-镇远分散排泄系统	3	140	34	1	29
夜郎坝分散排泄系统	0	6	4	0	0	朱家场岩溶大泉系统	7	66	8	0	10
松坎地下河系统	0	0	0	0	1	万山分散排泄系统	3	54	5	0	3
安场分散排泄系统	1	19	1	1	3	新巴地下河系统	0	1	3	0	0
黄鱼江岩溶大泉系统	3	23	0	0	1	龙里岩溶大泉系统	5	38	10	0	3
松桃地下河系统	31	73	6	0	2	贵定分散排泄系统	0	8	2	0	0
蒲老场分散排泄系统	11	46	1	0	1	黄丝分散排泄系统	1	69	28	1	8
南白地下河系统	1	7	2	4	0	王司分散排泄系统	6	114	18	1	21
虾子场地下河系统	4	30	1	1	0	凯里-施洞口岩溶大泉系统	0	26	16	0	5
两路口岩溶大泉系统	1	9	0	0	1	可渡岩溶大泉系统	0	4	1	0	1
道真地下河系统	2	20	0	0	0	树舍分散排泄系统	0	0	1	0	3
土坪分散排泄系统	2	12	0	0		可渡河岩溶大泉系统	0	1	1	0	0
栗园地下河系统	1	4	0	0	0	发耳分散排泄系统	0	0	1	0	0
镇南分散排泄系统	4	8	0	0	0	沟木底分散排泄系统	2	40	2	1	7
谢坝地下河系统	15	48	3	0	0	百打龙场岩溶大泉系统	0	1	1	0	0
务川分散排泄系统	0	10	0	0	0	亦资孔分散排泄系统	0	23	5	0	2
湄潭分散排泄系统	16	55	4	0	0	鸡场坪分散排泄系统	0	15	0	0	0
德江地下河系统	3	28	3	0	3	乌图河地下河系统	0	4	1	0	0
凤岗-狮子场分散排泄系统	10	53	5	0	3	兔场坪地下河系统	0	1	0	0	0
沿河分散排泄系统	2	25	0	1	0	茅口岩溶大泉系统	0	2	0	0	1

续表

名称	地下水质量评价结果					名称	地下水质量评价结果				
	I类	II类	III类	IV类	V类		I类	II类	III类	IV类	V类
许家坝地下河系统	1	16	3	0	1	坝陵分散排泄系统	1	18	4	0	2
印江地下河系统	6	41	6	6	7	落别地下河系统	3	24	2	1	1
天堂地下河系统	0	1	0	0	1	乐民岩溶大泉系统	0	2	1	0	0
公岭岩溶大泉系统	0	1	1	0	0	普安分散排泄系统	0	36	4	1	1
木黄岩溶大泉系统	0	8	2	0	0	木龙岩溶大泉系统	0	2	0	0	0
赵家坝地下河系统	1	12	1	0	2	归顺岩溶大泉系统	0	0	1	0	0
塘头地下河系统	3	16	2	0	2	猪场河地下河系统	0	0	0	0	0
石阡地下河系统	5	25	5	0	1	响水河地下河系统	0	0	0	1	0
石固岩溶大泉系统	0	2	0	0	0	保田地下河系统	0	9	0	0	0
凯德场地下河系统	2	11	2		3	阿依地下河系统	0	0	0	0	0
江口-寨英分散排泄系统	0	0	3	0	1	雪甫岩溶大泉系统	1	16	4	3	1
寨英岩溶大泉系统	4	10	1	0	0	石桥河地下河系统	0	1	1	0	0
铜仁分散排泄系统	8	40	4	0	1	万屯岩溶大泉系统	0	24	12	1	10
谢桥岩溶大泉系统	0	17	3	0	0	西泌分散排泄系统	0	18	3	0	2
太极岩溶大泉系统	0	11	2	1	1	龙摆尾地下河系统	0	0	0	1	0
云贵地下河系统	1	2	1	0	1	水鸭地下河系统	0	5	1	0	1
威宁地下河系统	1	18	1	3	1	公德地下河系统	0	49	5	1	7
可乐-妥古分散排泄系统	0	1	1	1	1	梭江地下河系统	0	13	4	0	4
毕节-赫章分散排泄系统	0	10	4	1	5	断桥地下河系统	1	18	1	0	0
妈姑地下河系统	0	6	1	1	2	打邦河地下河系统	1	25	2		1
锅厂地下河系统	1	9	2	2	2	顶坛分散排泄系统		6			
二台坡地下河系统	0	1	1	1	1	安西地下河系统	2	17	7	1	5
水城地下河系统	2	71	8	3	9	镇宁分散排泄系统		13	1		1
赤水河地下河系统	0	11	3	0	3	王二河地下河系统	3	45	7		3
龙官地下河系统	0	5	7	0	0	白水河分散排泄系统		1			
海子街-长春堡分散排泄系统	0	20	3	0	4	北盘江下游分散排泄系统		3	1		
营盘山地下河系统	0	36	2	2	4	哑呀-马坡地下河系统	1	6			
威冲岩溶大泉系统	0	8	0	0	1	杨武分散排泄系统	2	27	2		6
维新地下河系统	0	1	0	0	0	格必河地下河系统	4	14			
沙包地下河系统	0	17	4	1	8	长顺分散排泄系统		11			1
百兴-三塘地下河系统	0	18	7	1	3	涟江上游分散排泄系统	1	23	5	2	
堕却岩溶大泉系统	0	3	0	0	0	甲戎地下河系统	3	9	2		2
中普分散排泄系统	4	16	4	2	5	大小井地下河系统		18	1		
石关地下河系统	0	1	1	1	3	曹渡河上游分散排泄系统	1	6	2		
朱仲河地下河系统	0	0	0	0	1	曹渡河中下游地下河系统		10	1		4

续表

名称	地下水质量评价结果					名称	地下水质量评价结果				
	I类	II类	III类	IV类	V类		I类	II类	III类	IV类	V类
启化地下河系统	0	2	0	1	1	雄武分散排泄系统		3		1	1
新场岩溶大泉系统	1	32	3	5	8	棒鲏岩溶大泉系统	0	15	1	0	1
岩口岩溶大泉系统	0	0	0	0	0	兴义分散排泄系统	0	47	7	1	10
羊场地下河系统	0	1	0	0	0	泥达岩溶大泉系统	0	1	0	0	0
织金岩溶大泉系统	0	8	5	0	2	天生桥地下河系统	0	18	0	0	5
熊家场地下河系统	0	9	3	2	3	长田-八坎-屯脚地下河系统	0	58	7	0	9
普定地下河系统	8	52	8	9	15	四方洞地下河系统	0	64	4	3	14
中枢北翼地下河系统	7	24	0	0	4	者塘地下河系统	0	7	0	0	0
岩孔岩溶大泉系统	6	38	10	0	6	那郎电站地下河系统	0	18	6	1	0
平寨岩溶大泉系统	0	6	1	0	2	洛帆地下河系统	0	29	4	0	4
中枢南翼地下河系统	4	20	7	1	5	播东-望谟地下河系统	0	1	0	0	0
黄泥堡岩溶大泉系统	4	13	2	1	2	述里地下河系统	0	6	0	0	0
官田地下河系统	2	19	8	0	3	从里地下河系统	0	2	0	0	0
革木地下河系统	0	0	0	0	0	边阳-罗化地下河系统	0	6	0	0	1
朵朵坝地下河系统	0	23	4	0	2	涟江下游分散排泄系统	0	0	0	0	0
猫场-大关地下河系统	0	12	5	1	0	罗甸-沫阳岩溶大泉系统	0	2	0	0	0
卫城-平坝分散排泄系统	24	124	32	3	19	六硐河地下河系统	4	59	4	0	7
息烽-开阳分散排泄系统	0	63	21	8	11	地峨大河地下河系统	5	48	2	0	6
羊昌分散排泄系统	4	106	26	6	18	都柳江上游分散排泄系统	1	34	3	0	4
贵阳-龙岗分散排泄系统	1	32	6	2	12	周覃分散排泄系统	0	11	2	1	1
汪家大井岩溶大泉系统	0	6	5	0	0	打狗河地下河系统	0	7	3	1	3
-	-	-	-	-	-	茂兰地下河系统	0	5	2	0	3

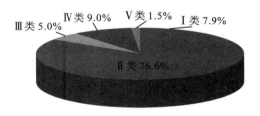

图 4.7　贵州省岩溶区地下水水环境质量分类比例图

2) 岩溶地下水质量空间分布特征

从行政区域来看，遵义市、安顺市以及铜仁市的地下水质量总体优于其他地区，其中遵义市 I 类水、II 类水占该地区统计数据的 95.65%，安顺市和铜仁市分别占统计总数的 92.39% 和 95.48%。水质总体较差的为毕节市，IV 类水、V 类水数量占统计总数的 17.6%，是所有地区中较差和极差水质比重最大的区域(图 4.8)。

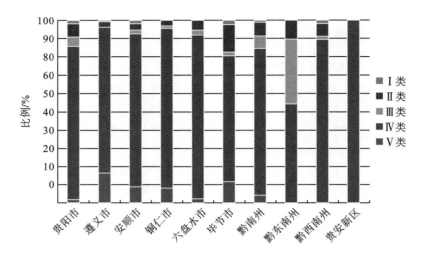

图 4.8 贵州省各行政区岩溶地下质量百分比堆积柱形图

如图 4.9 所示，Ⅰ类水集中分布在黔北和黔东北的绥阳、湄潭-凤岗以及松桃一带，涉及的地下水系统有湄潭分散排泄系统、蒲老场分散排泄系统以及松桃地下河系统，此类区域生态环境良好，人类工程活动较少，其地下水适用于各种用途。

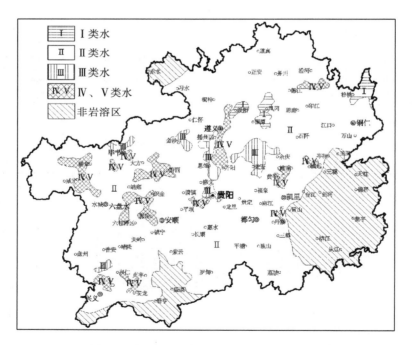

图 4.9 贵州省岩溶区地下水质量评价分布图

Ⅱ类水在贵州岩溶区分布最为广泛，占比也最大，适用于各种用途。

Ⅲ类水适用于集中式生活饮用水水源及工农业用水，主要分布于瓮安北部、贵阳、息烽-遵义、金沙、毕节-海子街以及普安楼下镇一带，涉及黄连坝岩溶大泉系统、贵阳-龙岗分散排泄系统、羊昌分散排泄系统、息烽-开阳分散排泄系统、南北地下河系统、中枢南翼地下河系统、岩孔岩溶地下河系统、海子街-长春堡分散排泄系统以及雪甫岩溶大泉系统。此类水的分布与人类工程活动关系密切,其中瓮安北部区域主要受磷矿开采和生产影响;贵阳和息烽-遵义主要受城市污染影响;金沙、毕节-海子街以及普安楼下镇区域主要受煤矿开采影响。

　　Ⅳ类和Ⅴ类水质较差,在无处理的情况下,不能作为生活饮用水源。该类型水在贵州东部地区呈零星分布,主要分布于德江东部、黄平、镇远以及丹寨北东部,在这些区域的分布主要是城市生活和农业生产影响所致;在贵阳-遵义一线以西的区域,Ⅳ类和Ⅴ类水的分布面积较东部地区大,其中连片分布的有开阳-遵义、黔西-大方、赫章-水城、普定-织金六枝以及兴仁-安龙等区域,在此类区域内,Ⅳ类和Ⅴ类水质的形成与矿业活动关系密切。

4.3.3　岩溶地下水功能性评价

1.生活饮用水供水功能性评价

1)评价标准

依据《生活饮用水卫生标准》(GB5749—2006)对贵州省岩溶区地下水进行生活饮用水水质评价,评价内容包括微生物指标、毒理指标、感官性状要求及一般化学指标(表4.10)。

表 4.10　生活饮用水水质评价表

指标	限值	指标	限值
1.微生物指标[①]		3.感官性状和一般化学指标	
总大肠菌群 (MPN/100mL 或 CFU/100mL)	不得检出	色度 (铂钴色度单位)	15
耐热大肠菌群 (MPN/100mL 或 CFU/100mL)	不得检出	浑浊度 (NTU-散射浊度单位)	1 水源与净水技术条件限制时为 3
大肠埃希氏菌 (MPN/100mL 或 CFU/100mL)	不得检出	臭和味	无异臭、异味
菌落总数(CFU/mL)	100	肉眼可见物	无
2.毒理指标		pH	≥6.5 且≤8.5
砷(mg/L)	0.01	铝(mg/L)	0.2
镉(mg/L)	0.005	铁(mg/L)	0.3
铬(六价, mg/L)	0.05	锰(mg/L)	0.1
铅(mg/L)	0.01	铜(mg/L)	1.0
汞(mg/L)	0.001	锌(mg/L)	1.0
硒(mg/L)	0.01	氯化物(mg/L)	250
氰化物(mg/L)	0.05	硫酸盐(mg/L)	250
氟化物(mg/L)	1.0	溶解性总固体(mg/L)	1000
硝酸盐(以 N 计, mg/L)	10 地下水源限制时为 20	总硬度 (以 CaCO_3 计, mg/L)	450

指标	限值	指标	限值
三氯甲烷(mg/L)	0.06	耗氧量 (COD_{Mn}法,以 O_2 计,mg/L)	3 水源限制, 原水耗氧量＞6mg/L 时为 5
四氯化碳(mg/L)	0.002	挥发酚类 (以苯酚计,mg/L)	0.002
溴酸盐(使用臭氧时,mg/L)	0.01	阴离子合成洗涤剂 (mg/L)	0.3
甲醛(使用臭氧时,mg/L)	0.9	4.放射性指标[②]	指导值
亚氯酸盐 (使用二氧化氯消毒时,mg/L)	0.7	总 α 放射性(Bq/L)	0.5
氯酸盐 (使用复合二氧化氯消毒时,mg/L)	0.7	总 β 放射性(Bq/L)	1

注：①MPN 表示最可能数；CFU 表示菌落形成单位。当水样检出总大肠菌群时,应进一步检验大肠埃希氏菌或耐热大肠菌群；当水样未检出总大肠菌群时,不必检验大肠埃希氏菌或耐热大肠菌群。
  ②当放射性指标超过指导值时,应进行核素分析和评价,判定能否饮用。

2) 评价结果

根据 3913 件地下水水样测试结果评价分析(表 4.11、图 4.10),在贵州省岩溶区饮用水水质未达标水样中,有约 81.57%的水样存在生活饮用水不达标问题。贵阳市、六盘水市、安顺市及贵安新区未达标比例占地区统计总数的比例较大。其中,贵安新区所检测的 6 件水样均未达到饮用水水质标准,当然,此次收集分析贵安新区的样本数少,所以不能完全代表该地区的饮用水水质情况。贵阳市 290 件样中,有 259 件未达标,占该地区统计总数的 89.31%；安顺市未达标数占该地区统计总数的 90.41%；六盘水市的未达标比例高达 96.76%。

在未达标的水样中,大肠杆菌和菌落总数超标占未达标统计总数的 62%；硝酸盐次之,占未达标统计总数的 27.6%；硫酸盐、氟化物及其他超标指标占未达标统计总数的 10.4%(图 4.11)。

表 4.11   贵州省岩溶区地下水生活饮用水水质评价统计表

地区	评价结果			超标指标					
	达标	不达标	小计	大肠杆菌+菌落总数	硝酸盐	硫酸盐	氟化物	铁	其他
贵阳市	31	259	290	149	87		3		20
遵义市	100	550	650	304	160	13			73
安顺市	26	330	356	194	102	9	10		15
铜仁市	210	328	538	253	66				9
六盘水市	8	239	247	176	45	2	6		10
毕节市	96	384	480	212	102	27	19		24
黔南州	100	351	451	243	82		8		18
黔东南州	95	324	419	187	112				25
黔西南州	55	411	466	249	121		13		28
合计	721	3176	3897	1967	877	51	59		222

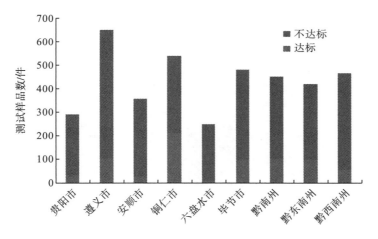

图 4.10　贵州省岩溶区地下水生活饮用水水质评价结果对比柱形图

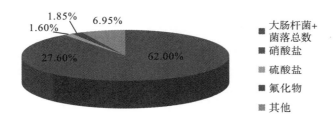

图 4.11　贵州省岩溶区地下水生活饮用水水质评价超标指标对比图

2.工业用水供水功能评价

1)评价标准

工业用水水质评价一般包括锅炉用水水质评价和工程建设用水水质评价,本书仅对锅炉用水进行评价。

锅炉用水水质评价包括成垢作用、腐蚀作用和成泡作用,一般采用锅垢总重量(H_0)、硬垢系数(K_a)、起泡系数(F)以及腐蚀系数(K_k)来综合评价(表 4.12)。

表 4.12　锅炉用水水质评价指标标准

成垢作用				起泡作用		腐蚀作用	
锅垢总量(H_0)		硬垢系数(K_a)		起泡系数(F)		腐蚀系数(K_k)	
指标	水质类型	指标	水质类型	指标	水质类型	指标	水质类型
<125	锅垢很少的水	<0.25	具有软沉淀物的水	<60	不起泡的水	>0	腐蚀性水
125~250	锅垢少的水	0.25~0.5	具有中等沉淀物的水	60~200	半起泡的水	<0, 但 K_k+ 0.0503×M(Ca^{2+})>0	半腐蚀性水
250~500	锅垢多的水	>0.5	具有硬沉淀物的水	>200	起泡的水	<0, 但 K_k+0.0503×M(Ca^{2+})<0	非腐蚀性水
>500	锅垢很多的水						

2)评价结果及分布特征

贵州岩溶地下水的锅垢总量一般为少和很少,锅垢总量较多和很多的水质主要分布在遵义播州区南部、黔西-织金以及安顺一带(图 4.12)，分布岩性主要为三叠系灰岩；锅垢水质的分布主要取决于岩性，其中白云岩地区和白云岩夹碎屑岩地区的锅垢很少，石灰岩地区则多为锅垢较少水质。

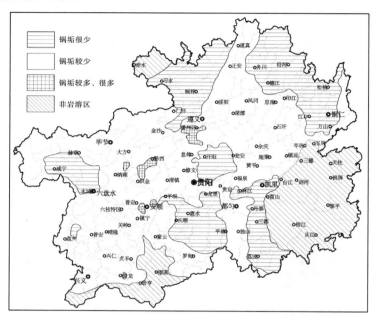

图 4.12　贵州省岩溶地下水锅垢水质分布图

　　贵州岩溶地下水绝大多数地下水为不起泡水，半起泡水零星分布于黔北和黔西地区，起泡水在贵州分布极少，仅水城北部和南龙北部的局部区域有分布(图 4.13)。

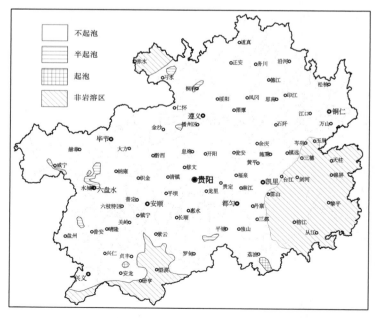

图 4.13　贵州省岩溶地下水起泡作用水质分布图

　　贵州岩溶地下水鲜具有腐蚀性，本次统计仅有 5 件水样为腐蚀性水，占统计总数的0.15%。贵州岩溶地下多为非腐蚀性水，次为半腐蚀性水，其中半腐蚀性水主要分布在独山—贵阳—遵义一线，以西区域，黔西南、黔东以及黔东北地区则主要为非腐蚀性水（图 4.14）。

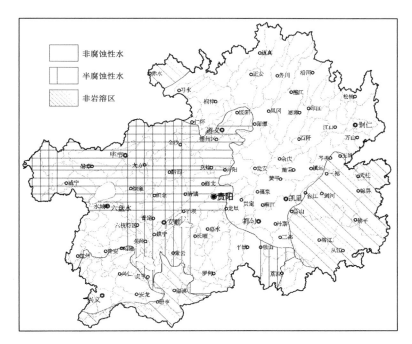

图 4.14　贵州省岩溶地下水腐蚀性水质分布图

3.农业用水供水功能性评价

1）评价标准

　　为防止土壤、地下水和农产品污染，保障人体健康，维护生态平衡，确保农业持续发展，各国都制定了农田灌溉用水水质标准作为评价灌溉用水的依据。本书根据我国《农田灌溉水质标准》（GB5084—2005）（表 4.13、表 4.14），评价贵州省岩溶地下水的灌溉用水水质。

表 4.13　农田灌溉用水水质基本项目标准值

序号	项目类别	作物种类		
		水作	旱作	蔬菜
1	五日生化需氧量/(mg/L)	≤60	≤100	≤40[a]，≤50[b]
2	化学需氧量/(mg/L)	≤150	≤200	≤100[a]，≤60[b]
3	悬浮物/(mg/L)	≤80	≤100	≤60[a]，≤15[b]
4	阴离子表面活性剂/(mg/L)	≤5	≤8	≤5
5	水温/℃	≤35		
6	pH	5.5～8.5		
7	全盐量/(mg/L)	≤1000[c]（非盐碱土地区），≤2000[c]（非盐碱土地区）		

续表

序号	项目类别	作物种类		
		水作	旱作	蔬菜
8	氯化物/(mg/L)		≤350	
9	硫化物/(mg/L)		≤1	
10	总汞/(mg/L)		≤0.001	
11	镉/(mg/L)		≤0.01	
12	总砷/(mg/L)	≤0.05	≤0.1	≤0.05
13	铬(六价)/(mg/L)		≤0.1	
14	铅/(mg/L)		≤0.2	
15	粪大肠菌群数/(个/100mg)	≤4000	≤4000	≤2000[a]，≤1000[b]
16	蛔虫卵数/(个/L)	≤2		≤2[a]，≤1[b]

注：a 为加工、烹调及去皮蔬菜；

    b 为生食类蔬菜、瓜果和草本水果；

    c 为具有一定的水利灌溉排水设施，能保证一定的排水和地下水径流条件的地区，或有一定淡水资源能满足冲洗土体中盐分的地区，农田灌溉水质全盐量指标可以适当放宽。

表 4.14   农田灌溉用水水质选择性控制项目标准值

序号	项目类别	作物种类		
		水作	旱作	蔬菜
1	铜/(mg/L)	≤0.5	≤1	
2	锌/(mg/L)		≤2	
3	硒/(mg/L)		≤0.02	
4	氟化物/(mg/L)		≤2(一般地区)，≤3(高氟区)	
5	氰化物/(mg/L)		≤0.5	
6	石油类/(mg/L)	≤5	≤10	≤1
7	挥发酚/(mg/L)		≤1	
8	苯/(mg/L)		≤2.5	
9	三氯乙醛/(mg/L)	≤1	≤0.5	≤0.5
10	丙烯醛/(mg/L)		≤0.5	
11	硼/(mg/L)	≤1[a](对硼敏感作物)，≤2[b](对硼耐受性较强的作物)，≤3[c](对硼耐受性强的作物)		

注：a 为对硼敏感作物，如黄瓜、豆类、马铃薯、笋瓜、韭菜、洋葱、柑橘等；

    b 为对硼耐受性较强的作物，如小麦、玉米、青椒、小白菜、葱等；

    c 为对硼耐受性强的作物，如水稻、萝卜、油菜、甘蓝等。

    2)评价结果及分布特征

    贵州省岩溶区大部分地下水是适合于农业灌溉的，占统计总数的 86.67%，仅 13.33% 的地下水存在一些指标超标的问题。分地区来看，贵阳市、毕节市及黔东南州不达标的地下水占地区取样总数的比例较高，遵义市、黔西南州次之(图 4.15)。空间分布上，农业灌溉不达标的地下水零星分布于贵州中、西部地区，东部仅万山、凯里一带有分布(图 4.16)。从分布区域来看，不达标地下水主要受城镇生活和矿业生产污染影响。

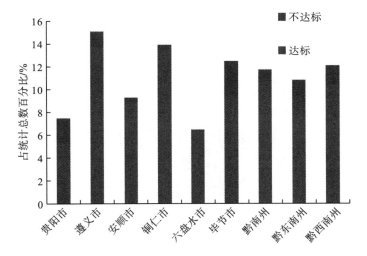

图 4.15　贵州省各地区岩溶地下水农业用水评价结果对比图

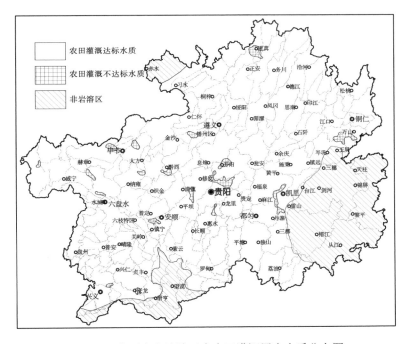

图 4.16　贵州省岩溶地下水农田灌溉用水水质分布图

第5章 岩溶地下水供水功能

5.1 岩溶地下水开发利用条件分区

5.1.1 分区原则

以解决工程性缺水、促进生态环境改善为根本目的，以解决分散农村村寨、集镇供水问题为导向，充分发挥岩溶地下水在水资源配置中的作用，因地制宜地采用"蓄""截""引""提"等工程手段，合理开发岩溶地下水，提升地下水资源在经济社会发展中的支撑地位，并配合地表水资源的开发利用，努力夯实与全国同步建成小康社会的水利基础，最终推动贵州经济又快又好地发展，促进区域协调、人水和谐。

5.1.2 分区结果

根据上述指导思想，将贵州省岩溶地下水开发利用条件分为易开发区（A）、开发利用难度较大区（B）、开发难度大区（C）和禁止开发区（D）四大类（图5.1）。

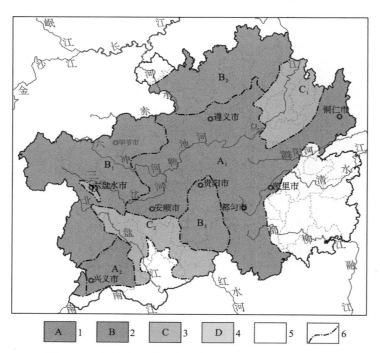

图 5.1 贵州省岩溶地下水开发利用条件分区示意彩图

1.易开发区；2.开发利用条件难度较大区；3.开发难度大区；4.禁止开发；5.非岩溶区；6.分区界限

（1）易开发区（A）。包括高原台面盆谷区（A_1）的黔北峰丛盆谷区、黔东溶丘谷地区、黔中丘原和峰林盆地区、黔南峰林谷地区，以及黔中-黔东区（A_2）。

（2）开发利用难度较大区（B）。包括高原斜坡峰丛山地区（B）的黔西山地斜坡峰丛洼地区（B_1）、黔北垄岗槽谷区（B_2）、黔南山地斜坡峰丛洼地区（B_3）。

（3）开发难度大区（C）。包括河谷斜坡峰丛山地区（C）的乌江干流下游峰丛洼地区（C_1）、北盘江河谷峰丛洼地区（C_2）。

（4）禁止开发区（D）。水城断陷盆地区（D）。

5.1.3　岩溶地下水开发利用方式

据调查，贵州省内地下水的开发利用方式以直接利用天然露头为主，机井开采地下水为辅。地下水的开发利用归纳起来，主要有引水型、提水型、蓄水型、机井开采地下水四种方式。

（1）引水型。对出露位置高于集镇、村寨或农田的地下河出口或岩溶泉用直接引流方式，用于农田灌溉或人畜饮水。

（2）提水型。对出露在河谷、沟谷底部或岩溶盆地、洼地内的地下河出口、岩溶泉、岩溶潭等地下水天然露头，由于位置相对较低，不能直接引用，在出口处安装水泵开采地下水的方式。

（3）蓄水型。根据岩溶泉出露区的地形条件，采用对岩溶泉泉口采取拦蓄措施蓄积地下水，然后辅以"抬""挑""引"等手段利用地下水。

（4）机井开采地下水。主要以白云岩为主，溶蚀而形成的山间盆地、谷地地下水位埋藏较浅，含水相对均匀，在无地下水天然露头点可直接利用的情况下，主要实施机井工程集中开采利用地下水。

5.2　岩溶地下水开发利用方式分区

5.1.1　分区原则

岩溶地下水开发利用方式分区原则如下：

①地下水类型及其含水岩组的富水性差异；②地区地下水赋存的规律、资源禀赋特征；③地下水出露点空间分布特征；④地形地貌、水文网等情况；⑤地下水开发利用潜力大小、条件难易和方式；⑥分散开采，就近供水等。

5.1.2　分区结果

根据上述地下水开发利用分区原则，可将贵州省内地下水开发利用划分为主要适宜地下河及表层泉开发区（Ⅰ）、主要适宜机井、岩溶泉开发区（Ⅱ）、主要适宜泉分散开发区（Ⅲ）和禁止开采区（Ⅳ）四种类型。

1.主要适宜地下河及表层泉开发区（Ⅰ）

主要分布于深切河谷两岸，可分为黔西北和黔西南的裂隙—溶洞水亚区（I_1）、黔南溶洞—管道水亚区（I_2）、黔北裂隙—溶洞水亚区（I_3）。区内地下河发育，水力坡度大，流速快，地表水与地下水交替频繁，岩溶水资源丰富。

1）黔西北和黔西南的裂隙—溶洞水亚区（I_1）

（1）黔西山地斜坡峰丛洼地区（B_1）。本亚区地处乌蒙山区，涉及行政区有毕节市、六盘水市以及黔西南州的普安县、晴隆县等，四级流域为金沙江、赤水河、乌江上游以及南北盘江流域的部分地带。区内地形条件大致可分为高原台面及山地斜坡两大类型。以威宁县城为中心，宽缓的高原台面平均海拔近2200m，为贵州省内第一级高原台面。高原面上多坝子和低矮丘陵，地形平坦、开阔。高原台面以外的广大地区形成山地斜坡，山高坡陡，峰峦叠嶂，并受乌江、牛栏江、横江、赤水河、黄泥河、南北盘江等河谷切割，沟壑纵横，河谷深切，地形破碎。在总体的山地斜坡上，受地层岩性、地质构造控制，在寒武系中上统、三叠系中统白云岩以及石炭系下统白云质灰岩分布区形成了诸多规模不大的丘峰谷地、峰丛谷地，这些谷地中地下水埋藏较浅，岩层含水丰富且含水相对均匀，具有良好的机井开采岩溶地下水的条件。

其余深切河谷斜坡区域，地下水的赋存主要以地下河为主，在一个地下水系统中，除了径流区地下水埋藏深度相对较缓外，补给区及排泄区的地下水埋藏深度一般较大，最终以地下河出口及岩溶泉的方式集中排泄于深切河谷中，出露位置较低，开发利用难度大。区内50%保证率条件下的地下水天然资源量为 $53.484×10^8m^3/a$，75%保证率条件下的地下水天然资源量为 $47.925×10^8m^3/a$，95%保证率条件下的地下水天然资源量为 $40.389×10^8m^3/a$，地下水天然排泄量为 $46.997×10^8m^3/a$，开采资源量为 $13.741×10^8m^3/a$。

（2）北盘江河谷峰丛洼地区（C_2）。位于北盘江干流中下游河谷两岸斜坡地带，北盘江干流及其规模较大的一级支流打邦河从北西向南东纵贯全区，干流两岸支流发育，各河流河谷切割较深，大部分河谷地段呈"峡谷"，将区内切割成多个河间地块，使区内地形破碎，起伏大。北盘江干流两岸基岩裸露，地貌呈峰丛沟谷，并形成向北盘江峡谷急剧倾斜的大斜坡。

区内地下水埋藏深，地表出露泉点水，岩层基本处疏干状态。而且北盘江及两岸各支流切割深度大，把区内分割成多个小型、零碎的水文地质单元，呈开放型系统。总体而言，新近纪来的隆升造貌运动引起的河流强烈下切，区域性侵蚀基准面急速降低，高强度发育的垂向岩溶造就的巨厚垂直循环带导致本区河谷岸坡区域地下水埋藏过深，沟谷中集中排泄，地下河出口、岩溶泉和村寨、耕地的空间分布极不协调，地下水开发难度极大。

2）黔南溶洞—管道水亚区（I_2）

黔南山地斜坡峰丛洼地区（B_3）。本区位于贵州省南部，涉及行政区有黔南州的平塘县、罗甸县以及长顺县的部分区域，牵涉蒙江、涟江、六硐河四级流域。本区地处贵州高原向桂中平原过渡的斜坡地带，地势北高南低，北部地面高程为1300～1450m，向南逐步降低至1000m左右，相对高差150～400m，除平塘县的四寨、平湖、克度、卡罗、通州，以及罗甸县的边阳等地较平坦外，其余地界地形切割强烈，地表崎岖不平。

区内泥盆系至三叠系地层广泛分布，岩性以石灰岩为主，基岩裸露、岩溶化程度高。峰丛洼地成为本区主要地貌景观，其特征表现为峰丛基座相连，峰顶呈锥状，岩溶洼地为深洼，深度为100～300m，平面呈串珠状分布。由于地下与地表双重岩溶系统强烈发育，区内地表水系极不发育，水文网密度甚小。地下水类型以裂隙-溶洞水为主，地下河系统规模大、延伸长、平面上多呈树枝状展布。地下水深埋，天然露头点稀少，地下河天窗、竖井偶有分布，地表干旱缺水严重。

区内50%保证率条件下的地下水天然资源量为$31.212×10^8m^3/a$，75%保证率条件下的地下水天然资源量为$28.443×10^8m^3/a$，95%保证率条件下的地下水天然资源量为$24.581×10^8m^3/a$，地下水天然排泄量为$25.584×10^8m^3/a$，开采资源量为$7.697×10^8m^3/a$。但是，由于地下水均呈管道集中径流，含水岩组富水性极不均一，地下水水位埋深大，地表难见地下水天然露头，岩溶地下水文地质条件极为复杂，在目前经济技术条件下，采取工程措施开发岩溶地下水存在着较高的风险和难度。

3）黔北裂隙—溶洞水亚区（I_3）

区内地下河受六冲河、三岔河、乌江、红水河等河谷深切割作用，地下河出口深埋，斜坡地带的浅部表层岩溶带发育。地下水在表层岩溶带中赋存空间主要为碳酸盐的溶蚀裂隙、溶孔、强风化带的风化节理、裂隙以及上覆松散层的孔隙等表层带含水介质。表层岩溶泉的补给源为大气降水，具有就地补给、近源排泄、泉水动态变化大、流量小等特点，对贵州省内岩溶山区缺水的峰丛山区、高原台面、分水岭地区、洼地、谷地以及河谷斜坡地区的分散供水具有重大意义。

（1）乌江干流下游峰丛洼地地区（C_1）。分布于大娄山脉与武陵山脉之间的乌江干流河谷斜坡地带，涉及行政区有沿河县、德江县、思南县、余庆市、凤冈县的东部区域，乌江干流从南西向北东纵贯全区，两岸支流较发育，各河流切割深度均较大，两岸斜坡坡度较大。

区内碳酸盐岩与碎屑岩呈条带状相间分布，沿碳酸盐岩分布地带形成条带状的岩溶槽谷洼地，而沿碎屑岩分布地带形成脊状的山体。受乌江干流及两岸支流切割影响，岩溶槽谷中地下水浅埋的富集区一般规模都不大。地下水系统汇水面积较小，地下水流程短，一般几千米，在径流方向上，地下河河床呈"反均衡"状，水位埋藏深度较大，地下水多以地下河出口和岩溶大泉的形式集中在深切河谷中排泄。由于地表水集中在深切河谷中，地下水也主要在河谷中集中排泄，河谷及斜坡地带地下水埋藏深，地表工程性缺水严重。

（2）黔北垄岗槽谷区（B_2）。位于贵州省北部、贵州高原向四川盆地过渡的斜坡地带，涉及行政区有播州区北部、桐梓县、习水县、仁怀市、正安县、道真县及务川县的大部分地区，四级流域为綦江、桐梓河、乌江下游芙蓉江及洪渡河。

本区地势南西高北东低，呈"Y"字形展布的大娄山脉使区内地形呈现出山势高、切割强烈、多峡谷及悬崖陡壁的特征。区内50%保证率地下水天然资源量为$30.432×10^8m^3/a$，75%保证率地下水天然资源量为$28.057×10^8m^3/a$，95%保证率地下水天然资源量为$24.365×10^8m^3/a$，地下水天然排泄量为$161.362×10^8m^3/a$，开采资源量为$8.148×10^8m^3/a$。本区突出的地貌特征为"背斜成谷、向斜成山"。背斜核部多分布寒武系中上统娄山关组白云岩，并形成众多的大小不等的山间谷地、槽谷。向斜核部的二叠系和三叠系石灰岩在翼部志留系碎屑岩地层的阻隔下，形成高耸于背斜核部盆、谷的"盾形"岩溶台地，并且部分碳酸盐岩与碎屑岩相间分布的向斜翼部还形成条带状的垄岗(垄脊)槽谷。

宽缓背斜核部的山间盆地、谷地槽谷等负地形中，寒武系中上统娄山关组和奥陶系下统桐梓组白云岩含水介质以小型的溶蚀孔洞的裂隙组合为主，岩层含水性相对均匀。盆地和谷地的周边峰丛山地地带为地下水补给区，地下水总体从山区地带向盆、谷中汇流，使这些盆地、谷地成为地下水的汇集区域，具有地下水埋藏浅、岩层含水丰富且较均匀、成井率高、单井水量较大的特点。

向斜构造核部碳酸盐岩受下伏相对隔水的碎屑岩垫拖形成的封闭良好的高位型储水构造，在翼部岩溶槽谷中多发育有单枝状的高位地下河，这些高位的地下水系统中的地下水多沿碳酸盐岩与碎屑岩的接触地带出露，形成高悬于相邻岩溶谷地、槽谷的悬托式岩溶大泉和地下河出口。这类高位地下河及悬托式岩溶大泉和地下河出口的出露位置高于相邻人口和耕地集中的城镇、村寨，拥有较大的水量和较高的势能，可直接引流开发，具有开发利用成本低，易管理的优势，成为本流域类型区的突出特色。

2.主要适宜机井、岩溶泉开发区(Ⅱ)

主要分布于高原台面上，可分为黔中溶孔—溶隙—溶洞水亚区(Ⅱ₁)、黔西南裂隙—溶洞水亚区(Ⅱ₂)。含水岩组岩性以白云岩为主，含水介质空间组合类型为溶孔、溶隙、裂隙、溶洞，富水性较均匀，地貌多为盆地、谷地，地下水多以岩溶大泉形式出露，局部地带的地下水埋藏深度浅，适宜机井、岩溶泉开发。

1)黔中溶孔—溶隙—溶洞水亚区($Ⅱ_1$)。位于"黔之腹地"二级高原台面即贵阳、安顺一带，乌江水系中游与珠江分水岭及两侧，以三叠系白云岩、白云质灰岩相间分布，地貌以峰林谷地、坡地为主。白云岩分布的谷地区赋存溶孔—溶隙水，富水性较均匀。白云质灰岩分布区以溶隙—溶洞水为主，地表多见岩溶潭、地下河天窗、岩溶大泉及地下河发育。

本区包括了黔北峰丛盆谷、黔东溶丘谷地、黔中丘原、峰林盆地和黔南峰林谷地等高原台面盆谷区(A_1)。覆盖黔中、黔北南部，并贯通黔东和黔南，包括岩溶流域分区中的黔北峰丛盆谷、黔东溶丘谷地、黔中丘原、峰林盆地、黔南峰林谷地。

(1)黔北峰丛盆谷区。行政区涉及遵义市、黔南北部及铜仁市所辖部分县，四级流域为洪渡河、乌江下游思南至省界干流、构皮滩至思南干流、鸭池河至构皮滩干流、湘江、余庆至石阡河等。本区地势总体南西高北东低，地貌组合类型有溶丘谷地、溶丘盆地、峰丛谷地、峰丛洼地、垄岗槽谷以及溶蚀-构造、溶蚀-侵蚀地貌类型。典型的水文地质特征为宽缓背斜与紧密向斜相间分布，地貌上具有"向斜成山、背斜成谷"的特点。背斜核部广泛出露寒武系娄山关组白云岩，该岩层分布区在湄潭、余庆、汇川区、红花岗区、绥阳、凤冈等县(区)境内形成较多的宽广的岩溶盆地、谷地，盆(谷)地中地下水水位埋藏浅，岩层含水相对均匀且丰富，通过勘查评价，其多可以成为中小型的供水地下水源地。

向斜核部以三叠系地层为主，翼部志留系至三叠系碳酸盐岩与碎屑岩相间分布，在北北东向构造控制下塑造成北北东向相间排列的、高耸于背斜核部的岩溶盆(谷)的垄岗槽谷。在垄岗槽谷地带，碳酸盐岩地层中发育了较多的高于相邻岩溶谷地和槽谷的高位地下河，在碳酸盐岩与碎屑岩接触地带，受下伏碎屑岩阻隔出露了较多高悬于相邻岩溶槽谷的岩溶大泉。

本区内娄山关组白云岩山间盆地（谷地）也是农田、城镇和村寨集中分布的地方，在空间上具有人、地、水分布的一致性，而且白云岩含水空间主要为细小的裂隙和孔洞，开采地下水引发地面塌陷和沉降的可能性小，适宜于采用机井开采地下水。

黔北峰丛盆谷区 50%保证率地下水天然资源量为 95.386×10^{8}m^3/a，75%保证率地下水天然资源量为 78.441×10^{8}m^3/a，95%保证率地下水天然资源量为 78.706×10^{8}m^3/a，地下水天然排泄量为 76.022×10^{8}m^3/a，开采资源量为 20.841×10^{8}m^3/a。丰富的地下水资源为地下水的开发利用提供了保障。

（2）黔东溶丘谷地区。行政区涉及都匀市、凯里市、麻江县、施秉县、镇远县、碧江区、万山区玉屏县、江口县和松桃县等，四级流域为沅江流域施洞以上、舞阳河、锦江及松桃河。地处贵州高原向湘西丘陵过渡的斜坡地带，河流切割较浅，平缓起伏的盆地、谷地分布面积较大，地势南西高北东低，武陵山脉在西侧呈北北东向展布。碳酸盐岩地层大面积出露，但以寒武系碳酸盐岩类地层分布最广。其中，寒武系娄山关组白云岩塑造的地貌组合类型多为溶丘谷地、丘峰谷地、缓丘坡地，含水层含溶孔-溶隙水且含水较均匀。寒武系清虚洞组石灰岩分布区地貌常为峰丛洼地、峰丛槽谷，含水层含水性极不均匀，以裂隙-溶洞水为主，但地下河出口、竖井、天窗、岩溶大泉出露较多，适合对这些地下水的天然露头采用"蓄""引""提"的方式开发利用。

区内 50%保证率地下水天然资源量为 49.435×10^{8}m^3/a，75%保证率地下水天然资源量为 45.668×10^{8}m^3/a，95%保证率地下水天然资源量为 40.482×10^{8}m^3/a，地下水天然排泄量为 42.154×10^{8}m^3/a，开采资源量为 12.45×10^{8}m^3/a。

（3）黔中丘原、峰林盆地的东部黔中地块区。行政区涉及贵州省中部的贵阳市、安顺市和黔西县，四级流域为猫跳河、野纪河-偏岩河、南明河等。地势西高东低，贵阳至清镇一线以北，处于贵州一级高原台面向黔中山原过渡的斜坡地带，河谷深切，地形起伏大，地貌组合类型有峰丛槽谷、丘峰槽谷、峰丛洼地以及岩溶中山峡谷；贵阳至清镇一线以南的平坝、西秀区、镇宁等县（区）境内，地形具有准平原化特征，平缓、开阔，地貌以丘峰谷地、溶丘谷地、残丘坡地为主。

区内碳酸盐岩含水岩组以三叠系地层为主，其次为石炭系和二叠系，岩溶地下水类型有裂隙-溶洞水和溶洞-裂隙水，其中黔中地区尚存寒武系娄山关组和震旦系灯影组白云岩溶孔-溶隙水。

区内 50%保证率地下水天然资源量为 71.528×10^{8}m^3/a，75%保证率地下水天然资源量为 64.766×10^{8}m^3/a，95%保证率地下水天然资源量为 55.481×10^{8}m^3/a，地下水天然排泄量为 60.122×10^{8}m^3/a，开采资源量为 17.529×10^{8}m^3/a。

（4）黔南峰林谷地区。行政区涉及惠水县、长顺县、独山县、荔波县以及平塘县部分地区，四级流域为蒙江、清水江、六硐河及打狗河。处于贵州高原向桂中平原过渡的斜坡地带，地势北高南低，地形高差较大，石炭系、二叠系中统、三叠系下统碳酸盐岩类地层占大部分，强烈发育的岩溶造就了以峰丛洼地为主的地貌，呈串珠状分布在峰丛、峰林间的洼地、坡立谷内的地下河天窗、竖井及深陷漏斗处。

岩溶地下水含水岩组主要为石炭系-三叠系下统，岩性以石灰岩为主，地下水类型为裂隙-溶洞水。地下河多明暗相间，地表水与地下水转换频繁，水力坡度大、裂点多，地表地下水露头数量少。

区内50%保证率地下水天然资源量为$103.425×10^8 m^3/a$，75%保证率地下水天然资源量为$93.479×10^8 m^3/a$，95%保证率地下水天然资源量为$80.919×10^8 m^3/a$，地下水天然排泄量为$90.160×10^8 m^3/a$，开采资源量为$26.509×10^8 m^3/a$。

2) 黔西南裂隙—溶洞水亚区（II_2）。包括南盘江、北盘江流域。亚区内地形以台地与谷坡地带为主，褶皱、断裂发育，岩石破碎，溶蚀强烈。在分水岭的台地区，地形平坦，以溶丘洼地为主，地下水赋存于溶孔-溶隙、溶洞-溶隙水之中，含水较均一，出露泉点甚多，流量中等，水位埋藏浅，为浅埋区。

黔西南区（A_2）分布在黔西南峰林谷地，地处贵州省西南部，行政区涉及黔西南州的兴义市、兴仁县、安龙县、贞丰县等地，区内处在东部北盘江、西部黄泥河、南部南盘江河谷包围的河间地块之间，马岭河等河流从北向东流经区内，除各河谷斜坡地带地形起伏较大外，地势总体较为平缓，呈舒缓波状的溶蚀台面，宽缓的岩溶盆、谷中分布着低矮、浑圆的溶蚀丘陵和峰林。

区内广泛分布着三叠系中下统白云岩、白云质灰岩，地下水类型主要为裂隙-溶洞水，岩溶盆地、谷地中含水层富水性相对均匀，地下水位埋藏较浅，低序次小断裂对宽阔台面上岩溶地下水的富集具有明显的控制作用，极利于机井开采。

3.主要适宜泉分散开发区（III）

主要分布在黔北赤水河和习水河侏罗系和白垩系碎屑岩分布区（III_1）、黔东南板溪群变质岩分布区（III_2）、黔西南三叠系边阳组碎屑岩分布区（III_3），以及局部碎屑岩类分布区。该类地下水的天然露头分散，泉水流量小，一般为$0.1~1L/s$。

基岩裂隙水及第四系孔隙水的钻孔和天然水点均水量不大且较稳定。该地区的地势高，山大谷深、冲沟纵横，森林植被覆盖率高，人烟稀少，无污染，生态环境良好，降水量大，森林又有涵养水源的功能（称绿色水库），因此地下水分散排泄形成溪流，然后引流灌溉及作为生活用水。该类地下水均为低矿化度淡水，水质良好，有开发价值的钻孔和成井均已被开发利用。

4.禁止开采区（IV）

该区主要为水城断陷盆地区。行政区涉及六盘水市水城盆地中德坞至双水、老鹰山、滥坝、发耳、汪家寨等地带，石灰岩地层广泛，岩溶发育强烈，曾因地下水开采造成了严重的岩溶塌陷，引起地下水严重污染，充分说明了该盆地中岩溶水文地质环境极为脆弱，为岩溶易塌陷区。目前，该盆地中已经建成新型的、人口和建筑物高度密集的现代化城市。为保护城市和人民生命安全，在该区域应严禁新增机井，禁止采用提水的方式开采地下水，对已经建成、正在使用的开采机井和地下河天窗、岩溶潭提水工程，应随着城市供水设施的完善逐渐取缔，最终杜绝在区内开采岩溶地下水，实现环境保护的目标。

5.3　岩溶地下水开发利用现状

贵州地下水的开发利用主要集中在小城镇及分散村寨等地，开发利用量难以准确统计。本次以近十余年来开展的贵州重点岩溶流域的调查成果，结合 2012 年贵州省地下水枯季测流成果进行统计。

经统计，贵州全省地下水开发总量为 15.43 亿 m³/a，占允许开采量的 14.88%。其中，城镇生活利用量为 3.02 亿 m³/a，农村饮水水量为 4.46 亿 m³/a，农田灌溉开采量为 6.98 亿 m³/a，城镇工业开采量为 0.97 亿 m³/a。在开采方式上，机井开采量为 2.10 亿 m³/a，引泉及地下河开采量为 13.33 亿 m³/a(表 5.1)。

表 5.1　贵州省各流域地下水开发利用量统计表　　　　(单位：亿 m³/a)

一级流域名称	二级流域名称	三级流域名称	四级流域名称	开发利用方式		利用情况			
				机井	天然露头	农村生活	城镇生活	农灌	工业
长江流域	金沙江石鼓以下	金沙江石鼓以下	牛栏江	0.00	0.06	0.02	0.01	0.03	0.00
			横江	0.00	0.08	0.04	0.01	0.03	0.00
	长江上游干流	赤水河	赤水河茅台以上	0.08	0.43	0.09	0.25	0.14	0.03
			桐梓河	0.00	0.34	0.10	0.06	0.17	0.01
			赤水河茅台以下	0.06	0.10	0.04	0.00	0.04	0.08
		綦江	綦江	0.02	0.09	0.02	0.03	0.05	0.01
	乌江水系	思南以上	阳长以上	0.30	0.33	0.17	0.10	0.34	0.02
			阳长至鸭池河干流	0.21	0.82	0.20	0.47	0.29	0.07
			白浦河	0.06	0.51	0.16	0.09	0.30	0.02
			六冲河	0.00	0.53	0.14	0.09	0.28	0.02
			鸭池河至构皮滩干流	0.09	0.31	0.14	0.05	0.19	0.02
			野济河—偏岩河	0.07	0.23	0.10	0.04	0.14	0.02
			猫跳河	0.11	0.43	0.08	0.18	0.28	0.00
			南明河	0.14	0.29	0.21	0.05	0.15	0.02
			清水河干流	0.27	0.56	0.43	0.09	0.28	0.03
			余庆河—石阡河	0.02	1.13	0.30	0.25	0.53	0.07
			构皮滩至思南干流	0.07	0.14	0.04	0.10	0.06	0.01
			湘江	0.09	0.17	0.05	0.12	0.07	0.02
		思南以下	思南至省界干流	0.00	0.31	0.05	0.10	0.16	0.00
			洪渡河	0.05	0.34	0.22	0.01	0.14	0.02
			芙蓉江	0.05	0.67	0.56	0.08	0.03	0.05
	洞庭湖	沅江	施洞以上	0.18	0.71	0.23	0.29	0.31	0.06
			施洞至锦屏	0.01	0.01	0.00		0.02	
			锦屏以下渠水	0.00	0.02	0.01	0.00	0.01	0.00

续表

一级流域名称	二级流域名称	三级流域名称	四级流域名称	开发利用方式		利用情况			
				机井	天然露头	农村生活	城镇生活	农灌	工业
长江流域	洞庭湖	沅江	舞阳河	0.00	0.27	0.07	0.06	0.12	0.02
			锦江						
			松桃河	0.04	0.27	0.08	0.07	0.14	0.02
小计				0.06	0.44	0.14	0.08	0.26	0.02
珠江流域	南北盘江	南盘江	黄泥河	1.98	9.59	3.69	2.68	4.56	0.64
			马别河	0.02	0.14	0.03	0.01	0.11	0.01
			南盘江干流	0.04	0.28	0.07	0.02	0.22	0.01
		北盘江	大渡口以上	0.01	0.10	0.02	0.01	0.07	0.01
			打帮河	0.03	0.24	0.07	0.04	0.14	0.02
			麻沙河	0.00	0.02	0.00	0.00	0.02	0.00
			大田河	0.00	0.10	0.02	0.01	0.07	0.01
			北盘江中下游	0.00	0.16	0.03	0.01	0.11	0.01
	红柳江	红水河	红水河上游	0.00	0.76	0.17	0.05	0.5	0.04
			蒙江	0.00	0.03	0.01	0.00	0.02	0.00
			六硐河	0.00	0.60	0.10	0.04	0.39	0.07
		柳江	打狗河	0.00	0.46	0.08	0.05	0.27	0.06
			都柳江、榕江以上	0.00	0.49	0.07	0.04	0.30	0.08
			都柳江、榕江以下	0.02	0.36	0.10	0.06	0.20	0.02
小计				0.00	0.00	0.00	0.00		0.00
合计				0.12	3.74	0.77	0.34	2.42	0.33

5.4 岩溶地下水开发利用潜力评价

地下水潜力是指地下水资源在现状开发利用条件下尚可挖掘的潜在供水能力，反映地下水资源的开采和利用方向，由地下水开采潜力和利用潜力两部分组成。基于现阶段的数据，仅对地下水开采潜力进行评价。地下水开采潜力是在现状开采条件下，相对于地下水开采层的开采资源评价量的可扩大开采资源量和开采盈余量。

1.评价方法

在地下水资源评价的基础上，以四级岩溶流域为基本单元，按地下水潜力系数及地下水潜力模数进行分区评价。

1)地下水开采程度

用地下水开采系数反映，计算式如下：

$$P = Q_{开采} / Q_{开资} \tag{5.1}$$

式中，P 为地下水开采系数；$Q_{开采}$ 为地下水现在开采量（亿 m³/d）；$Q_{开资}$ 为地下水可开采资源量（亿 m³/d）。

2）地下水开采潜力系数

$$\alpha = Q_{开资} / Q_{开采} \tag{5.2}$$

式中，α 为地下水开采潜力系数；$Q_{开采}$ 为地下水现在开采量（亿 m³/d）；$Q_{开资}$ 为地下水可开采资源量（亿 m³/d）。

3）地下水潜力模数

$$M_{潜} = Q_{综合潜力} / F \tag{5.3}$$

式中，$M_{潜}$ 为地下水综合潜力模数［万 m³/(a·km²)］；F 为面积（km²）；$Q_{综合潜力}$ 为地下水综合潜力（万 m³/a），包括地下水的开采潜力和利用潜力，本次评价采用开采盈余量计算。

采用地下水开发利用潜力指数判断地下水系统内地下水资源的开采潜力，以地下水开发利用潜力模数作为潜力分区的依据：当 $P_{潜}$＞1.4 时，可扩大开采；当 $P_{潜}$＝0.8～1.4 时，维持现状开采和可适度扩大开采；当 $P_{潜}$＜0.8 时，适度控制开采和严格控制开采。

对有开发利用潜力可扩大开采的地区，其潜力等级按如下标准进行评价：当 $M_{潜}$＜4 时，为潜力较小区；当 $4\leqslant M_{潜}$＜8 时，为潜力中等区；当 $M_{潜}$≥8 时，为潜力大区。

2. 评价结果

贵州省岩溶区地下水资源丰富，各岩溶流域内的地下水盈余量均较大，开发潜力大（表 5.2）。根据地下水开发潜力模数值，将贵州省岩溶区划分为地下水资源开采潜力较大、开采潜力中等及开采潜力较小三类（图 5.2）。

表 5.2　贵州省岩溶区地下水开采潜力评价统计表

一级流域名称	四级流域名称	面积/km²	可开采资源量/(亿 m³/a)	已开采资源量/(亿 m³/a)	盈余资源量/(亿 m³/a)	潜力系数	潜力模数/[万 m³/(a·km²)]
长江流域	牛栏江	1946.02	1.29	0.07	1.22	18.43	6.27
	横江	3010.21	2.90	0.09	2.81	32.22	9.33
	赤水河茅台以上	3878.02	3.27	0.51	2.76	6.41	7.12
	桐梓河	3302.05	1.44	0.35	1.09	4.11	3.30
	赤水河茅台以下	4349.65	0.60	0.12	0.48	5.00	1.10
	綦江区	2099.90	1.28	0.11	1.17	11.64	5.57
	阳长以上	2734.83	2.47	0.63	1.84	3.92	6.73
	阳长至鸭池河干流	4644.81	4.32	1.03	3.29	4.19	7.08
	白浦河	2230.82	1.88	0.57	1.31	3.30	5.87
	六冲河	8001.36	7.16	0.53	6.63	13.51	8.29
	鸭池河至构皮滩干流	6034.38	3.91	0.40	3.51	9.78	5.82
	野济河-偏岩河	4429.84	3.10	0.30	2.80	10.33	6.32
	猫跳河	3199.35	3.16	0.54	2.62	5.85	8.19
	南明河	2200.71	1.91	0.43	1.48	4.44	6.73
	清水河干流	4354.54	4.50	0.83	3.67	5.42	8.43
	余庆河-石阡河	3640.15	1.24	1.15	0.09	1.08	0.25

续表

一级流域名称	四级流域名称	面积/km²	可开采资源量/(亿 m³/a)	已开采资源量/(亿 m³/a)	盈余资源量/(亿 m³/a)	潜力系数	潜力模数/[万 m³/(a·km²)]
长江流域	湘江新区	4907.50	2.18	0.26	1.92	8.38	3.91
	构皮滩至思南干流	4099.08	1.06	0.21	0.85	5.05	2.07
	思南至省界干流	5308.85	2.65	0.31	2.34	8.55	4.41
	洪渡河	4241.76	2.07	0.39	1.68	5.31	3.96
	芙蓉江	6873.77	4.91	0.72	4.19	6.82	6.10
	施洞以上	6051.24	2.08	0.89	1.19	2.34	1.97
	施洞至锦屏	7434.15	-	-	-	-	-
	锦屏以下渠水	4699.50	-	-	-	-	-
	舞阳河	6419.36	4.17	0.27	3.90	15.44	6.08
	锦江	4203.86	1.24	0.31	0.93	4.00	2.21
	松桃河	1494.13	0.75	0.50	0.25	1.50	1.67
珠江流域	黄泥河	1425.10	1.40	0.16	1.24	8.75	8.70
	马别河	2965.40	2.91	0.32	2.59	9.09	8.73
	南盘江干流	3474.95	1.44	0.11	1.33	13.09	3.83
	大渡口以上	2749.79	2.40	0.27	2.13	8.89	7.75
	打帮河	2953.04	2.70	0.02	2.68	135.00	9.08
	麻沙河	1443.57	1.30	0.10	1.20	13.00	8.31
	大田河	2351.59	2.23	0.16	2.07	13.94	8.80
	北盘江中下游	11426.34	8.60	0.76	7.84	11.32	6.86
	红水河上游	2379.68	0.56	0.03	0.53	18.67	2.23
	蒙江	8605.80	7.24	0.60	6.64	12.07	7.72
	六硐河	4841.55	2.95	0.46	2.49	6.41	5.14
	打狗河	4170.03	3.53	0.49	3.04	7.20	7.29
	都柳江、榕江以上	6516.23	0.92	0.38	0.54	2.42	0.83
	都柳江、榕江以下	5074.14	-	-	-	-	-

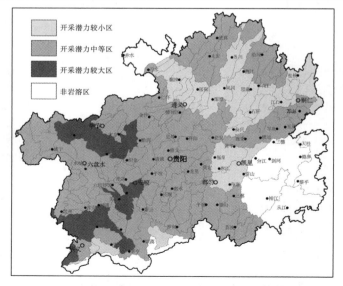

图 5.2　贵州省岩溶区地下水资源潜力分区图

（1）开采潜力较大区。主要分布于毕节-黔西、安顺-镇宁以及黔西南州一带，地下水有效开发利用潜力指数多为 5.42～32.22，地下水开发利用潜力模数为 8.19 万～9.23 万 $m^3/(a·km^2)$。

（2）开采潜力中等区。集中分布于黔中、黔西地区，黔北道真-正安及黔东北沿河一带、黔东施秉-铜仁也有分布。地下水开发利用潜力指数为 3.3～18.43，地下水有效开发利用潜力模数为 4.41 万～7.75 万 $m^3/(a·km^2)$。

（3）开采潜力较小区。主要分布于黔北桐梓-湄潭、凤岗-松桃一带，凯里-都匀一带也有分布，黔西主要分布在安龙一带，地下水有效开发利用潜力指数为 1.08～18.68，地下水有效开发利用潜力模数为 0.25 万～3.96 万 $m^3/(a·km^2)$。

第6章　贵州岩溶地下水供热功能

地下水系统供热功能主要体现为浅层地热能的利用，浅层地热能是指蕴藏在地表以下一定深度范围内岩土体、地下水和地表水中具有开发利用价值的热能(温度宜低于25℃)。作为绿色清洁的可再生能源，浅层地热能具有储量大、分布广、开发利用成本低等优点，对其进行全面高效的开发，有助于一定程度上缓解当前能源短缺、温室气体排放等问题。

本次研究对贵州省岩溶地下水资源的认识做出一次"革命性"的变革，将过去对地下水资源的认知从传统的"水资源"拓展到"能源型资源"，并提出贵州省以地下水为载体的"浅层地热能"资源量。在收集资料、采集测试岩土体热物性参数、地热能工程长期观测等工作的基础上，对贵州省主要城市区域的地下水浅层地热能的赋存条件进行研究，并对研究区内地下水浅层地热能的适宜性进行分区，最终评价其资源量和开发利用潜力。

6.1　岩溶区浅层地热能赋存条件

6.1.1　地质概况

贵州省的主要城市中，除铜仁市属华南褶皱带外，其他城市均处于扬子准地台内。贵州省各主要城市碳酸盐岩及夹碎屑岩的碳酸盐岩岩层分布广泛，占评价区总面积的90.0%以上，是我国碳酸盐岩分布面积最广的省份，岩性主要为灰岩、白云岩、泥质白云岩、泥质灰岩等；碎屑岩主要分布在遵义市和都匀市，岩性主要为泥岩、页岩、砂岩等(表6.1)。

表 6.1　贵州省主要城市及地区浅层地热能赋存地质条件

城市及地区	地层岩性	水文地质条件
贵阳市	第四系至寒武系地层均有出露，岩性主要为白云岩、灰岩	以碳酸盐岩裂隙-溶洞水为主，主城区岩溶强烈发育，地下水总体较为丰富
遵义市	出露寒武系、二叠系及三叠系地层，岩性主要为泥岩、白云岩、砂砾岩	以碳酸盐岩溶洞-裂隙水和基岩裂隙水为主，地下水总体较为丰富
安顺市	出露三叠系和二叠系地层，岩性主要为白云岩、泥质白云岩、灰岩等	主要为碳酸盐岩裂隙-溶洞水，地下水水位总体埋藏较浅，岩溶强烈发育
毕节市	大面积分布寒武系、二叠系、三叠系及侏罗系地层，岩性主要为白云岩、灰岩、砂岩等	以碳酸盐岩溶洞-裂隙水和基岩裂隙水为主，岩溶一般发育
都匀市	除白垩系、侏罗系外，各地层均有出露，岩性主要为灰岩、泥岩及砂砾岩	以碳酸盐岩裂隙-溶洞水和基岩裂隙水为主，岩溶一般发育，地下水水位埋藏较浅
贵安新区	大面积出露二叠系、三叠系地层。岩性主要为白云岩、泥质白云岩及灰岩	以碳酸盐岩溶洞-裂隙水为主，北部区域岩溶较发育，且地下水水位较浅
凯里市	大面积出露寒武系地层，岩性主要为白云岩、泥质白云岩	以碳酸盐岩溶洞-裂隙水为主，主城区地下水位埋藏较浅，岩溶一般发育

城市及地区	地层岩性	水文地质条件
六盘水市	出露石炭系、二叠系、三叠系、侏罗系及第四系地层，岩性主要为灰岩、白云岩及泥岩	以碳酸盐岩裂隙-溶洞水为主，岩溶强烈发育，地下水较丰富
铜仁市	主要出露寒武系地层，岩性主要为白云岩、灰岩	以碳酸盐岩溶孔-溶隙水为主，地下水埋藏较浅，且较为丰富
兴义市	出露二叠系和三叠系地层，岩性主要为灰岩、白云岩	以碳酸盐岩裂隙-溶洞水为主，岩溶较为发育，地下水较丰富

6.1.2　岩土体热物性特征

贵州省碳酸盐岩类地层广泛分布，占总面积的 76.0%以上。第四系分布面积小，厚度小，平均厚度不足 10m，区内浅层地热能主要赋存在基岩岩体中。贵州省岩溶区地质构造、地层结构复杂，不同岩性地层的物性特征差异较大，岩土体热物性在平面上基本不呈规律变化。

本次共采集 244 件岩样，取样点分布于贵阳市、遵义市、六盘水市、普安县、凯里市以及镇远县等地(图 6.1)，测试岩土样基本涵盖了贵州省出露的主要地层岩石。试样由山东建筑大学可再生能源建筑利用技术教育部重点实验室加工，并进行室内热物性测试，其采用瑞典生产的 Hot Disk(型号：TPS 2500S)热常数分析仪进行测试，仪器测试误差小于2%。岩样在干燥状态下进行测试，结果见表 6.2。

图 6.1　贵州省岩石热物性参数测试样品取样区分布图

表 6.2　贵州省主要岩石热物性参数表

岩性	导热系数 $\lambda/[W/(m\cdot K)]$	热扩散系数 $a/(mm^2/s)$	比热容 $C/[kJ/(kg\cdot ℃)]$
黏土	0.7658	0.532	0.827
灰岩	1.98~3.20	1.22~1.86	0.54~0.83
白云岩	2.96~4.77	1.85~2.49	0.66~0.89
泥质白云岩	2.46~2.97	1.38~1.86	0.74~0.98
石英砂岩	3.91~4.96	2.74~3.47	0.40~0.67
粉砂岩	2.42~3.81	2.05~3.21	0.46~0.68
泥岩	1.31~2.20	0.45~1.00	0.86~1.08
砾岩	2.72~3.84	1.31~2.03	0.59~0.72
玄武岩	1.98~2.27	0.83~1.16	0.53~0.87

　　测试结果表明，贵州省大部分岩石样品的导热系数值为 $2.0\sim4.0W/(m\cdot K)$，其中，第四系黏性土导热系数最小，导热系数平均为 $0.7658W/(m\cdot K)$；砂岩、泥岩、石英砂岩等碎屑岩导热系数为 $1.31\sim4.96W/(m\cdot K)$，其中以石英砂岩导热系数最高，为 $3.91\sim4.96W/(m\cdot K)$；白云岩、灰岩、泥质灰岩等碳酸盐岩的导热系数为 $1.98\sim4.77W/(m\cdot K)$，其中以白云岩导热系数最高，为 $2.96\sim4.77W/(m\cdot K)$。

　　所有岩石中，泥质白云岩、玄武岩的导热系数值变化范围较小，灰岩、白云岩、粉砂岩、石英砂岩及砾岩的导热系数变化值较大（图 6.2），这主要是由于前者岩石的孔隙率或裂隙率小于后者所致；岩石样品的热扩散系数值多为 $0.5\sim3.0mm^2/s$（图 6.3），变化幅度同导热系数基本一致。

　　热扩散系数基本与导热系数呈正相关性，区内黏土热扩散系数最低，为 $0.532mm^2/s$；区内岩性总体热扩散系数为 $0.8\sim2.2mm^2/s$；白云岩、石英砂岩热扩散系数最大，大于 $1.8mm^2/s$。

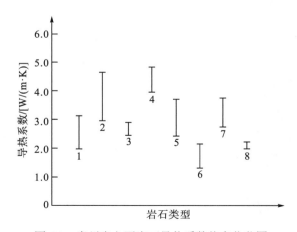

图 6.2　贵州省主要岩石导热系数值变化范围

1.灰岩；2.白云岩；3.泥质白云岩；4.石英砂岩；5.粉砂岩；6.泥岩；7.砾岩；8.玄武岩

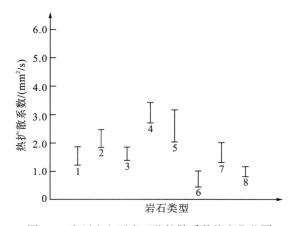

图 6.3　贵州省主要岩石热扩散系数值变化范围

1.灰岩；2.白云岩；3.泥质白云岩；4.石英砂岩；5.粉砂岩；6.泥岩；7.砾岩；8.玄武岩

除泥岩外，区内岩石的的比热容均小于 1.0kJ/(kg·℃)，一般为 0.4～1.0kJ/(kg·℃)。

综合分析贵州省岩土体热物性参数实验成果，总结出以下规律：①总体来说，导热系数自小至大的岩性依次为黏土＜泥岩＜玄武岩＜泥质白云岩＜灰岩＜粉砂岩＜砾岩＜白云岩＜石英砂岩；②白云岩晶粒越大，导热系数值越大；③灰岩、泥岩的导热系数随泥质含量的增加而减小；④砂岩中石英含量越高，孔隙度越小，则导热系数越大。

6.1.3　现场热响应测试

1.热响应测试

目前，现场热响应试验是获取地下岩土体热物性的有效技术措施。"贵阳市浅层地热能调查评价"和"贵州省主要城市浅层地热能开发区 1∶5 万水文地质调查"项目于贵阳市、遵义市、铜仁市及兴义市共施工了 12 个钻孔进行现场热响应试验，钻孔直径为 216mm。测试采用双 U 换热器，管材为 PE 管，PE 管外径为 32mm，内径为 26mm。回填料采用《浅层地热能勘查评价规范》(DZT0225—2009)中建议的石英砂、膨润土混合物(膨润土含量10%、石英砂含量 90%)。测试仪器为天津地热勘查开发设计院研发的 PTPT111 热响应测试仪，试验模拟夏季制冷工况，小功率为 4000 W，大功率为 6000 W。

2.计算理论

根据相关文献，测试数据采用线热源模型进行处理，公式如下：

$$T_F = \frac{Q_{heat}}{4\pi\lambda H}\left(\ln\frac{4at}{r^2} - \gamma\right) + \frac{Q_{heat}}{H}R_b + T_0 \tag{6.1}$$

式中，T_F 为换热器内流体平均温度(取入口与出口的平均值)(℃)；Q_{heat} 为加热功率(W)；λ 为土壤的平均热导率[W/(m·℃)]；α 为热扩系数(mm²/s)；t 为测试时间(s)；r 为钻孔半径(m)；γ 为欧拉常数，取 0.5772；R_b 为钻孔热阻(m·℃/W)；T_0 为岩土远处未受扰动的温度(℃)；H 为钻孔深度，m。

式(6.1)可改写为线性形式：

$$T_{\mathrm{F}} = k\ln t + m \tag{6.2}$$

$$\begin{cases} k = \dfrac{Q_{\mathrm{heat}}}{4\pi\lambda H} \\ m = \dfrac{Q_{\mathrm{heat}}}{H}\left[\dfrac{1}{4\pi\lambda}\left(\ln\dfrac{4a}{r^2}-\gamma\right)+R_{\mathrm{b}}\right]+T_0 \\ c = \dfrac{\lambda}{\rho\alpha} \end{cases} \tag{6.3}$$

式中，k 为 T_{F} 随 $\ln t$ 的变化曲线斜率；m 为 T_{F} 随 $\ln t$ 的变化曲线截距；c 为岩土体比热容 $[\mathrm{kJ/(kg\cdot℃)}]$；ρ 为岩土体密度 $(\mathrm{kg/m^3})$。

由式(6.2)可绘制 T_{F} 随 $\ln t$ 的变化曲线，其中斜率为岩土体的平均导热率 λ，由截距计算出单位深度钻孔总热阻 R_{b}。

3.数据整理与分析

对换热器内流体平均温度与时间的对数进行拟合(图 6.4)，可得到曲线斜率及截距。将加热功率、拟合曲线斜率 k、截距 m 及测试井深等参数代入式(6.3)，计算出岩土体的平均导热系数 λ、热扩散系数 α 及总热阻 R_{b}，结果见表 6.3。

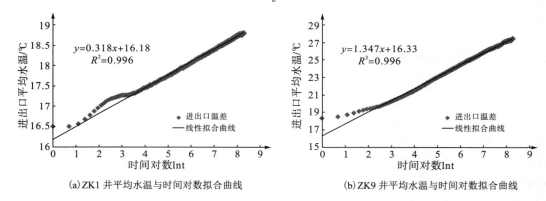

(a)ZK1 井平均水温与时间对数拟合曲线   (b)ZK9 井平均水温与时间对数拟合曲线

图 6.4   平均水温与时间对数拟合曲线(4kW 加热功率)

表 6.3   贵州省主要城市浅层地热能热响应测试结果

编号	测试地层	平均导热系数/[W/(m·℃)]	平均热扩散系数/(mm²/s)
ZK1	三叠系安顺组	2.841	1.169
ZK2	三叠系安顺组	2.546	1.048
ZK3	三叠系安顺组	3.039	1.251
ZK4	三叠系贵阳组	3.145	1.294
ZK5	三叠系狮子山组	2.166	0.936
ZK6	三叠系大冶组	2.461	1.013
ZK7	二叠系吴家坪组	3.212	1.322
ZK8	三叠系大冶组	2.556	1.052
ZK9	侏罗系自流井群	2.992	1.231

续表

编号	测试地层	平均导热系数/[W/(m·℃)]	平均热扩散系数/(mm²/s)
ZK10	三叠系狮子山组	3.424	1.378
ZK11	寒武系清虚洞组	4.549	1.831
ZK12	三叠系关岭组	3.747	1.509

通过现场热响应测试结果可发现，综合热物性参数值最高的为寒武系清虚洞组灰岩及白云岩地层，最低的为三叠系狮子山组泥质白云岩地层，综合热物性参数值同室内岩石试验的结果基本一致。据此分析，在无现场热响应测试数据的情况下，可参照岩石样的热物性参数值，对岩石、地层相似的区域进行浅层地热能资源量概算和工程初步设计。

6.1.4 浅层地温场特征

1. 区域大地热流供热

贵州省浅层地温场热是地壳深部较均一的热流在向地壳浅部传输过程中进行再分配的结果。贵州省远离板块边缘，属于板内地热系统，主要是靠正常的区域大地热流量来提供热和维持。区域地温梯度为 1.0～3.5℃/100m，区域热流值为 40～50mW/m²，属于低地温梯度背景区。

2. 恒温带

恒温带是指距地表最浅的年温度变化小于 0.1℃的带。该带地温不受太阳辐射影响，地球内部热能与上层变温带的影响在这个区域内处于相对平衡，岩土体温度总体一致。

根据贵阳三桥、遵义南白测量的地温值(图 6.5，图 6.6)分析，贵州省内的恒温带温度

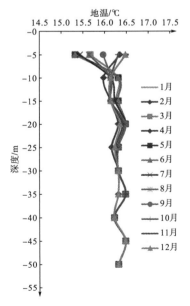

图 6.5 贵阳市浅层地温场特征曲线

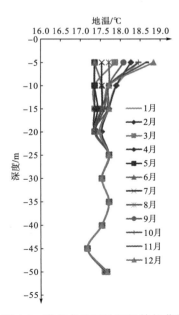

图 6.6 遵义市浅层地温场特征曲线

与多年平均气温基本相同，且恒温带深度为 25～35m。由(图 6.7)可知，贵州省恒温带温度一般为 10～18℃，其中罗甸-关岭-兴义以南及赤水一带恒温带温度大于 18℃，局部达20℃，总体呈现中部低，北西、南部高的趋势，贵州省各主要城市恒温带温度见表 6.4。

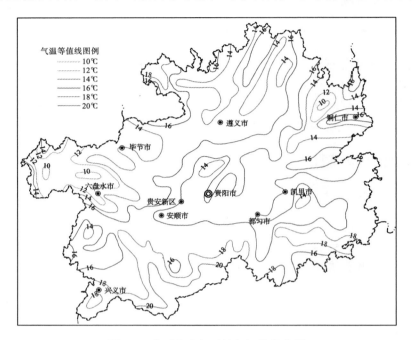

图 6.7　贵州省多年平均气温等值线图

表 6.4　贵州省主要城市浅层地温场特征统计表

城市	恒温带温度/℃	区域大地热流值/(MW/m²)	地热增温率/(℃/100m)
贵阳市	15.0～17.5	40～60	1.7～2.3
遵义市	14.0～16.0	40～60	2.9～3.1
安顺市	14.0～16.0	40～60	1.9～2.1
毕节市	13.0～15.0	40～60	3.2～3.3
都匀市	15.0～17.0	40～60	1.6～1.7
贵安新区	14.0～16.0	40～60	2.0～2.2
凯里市	15.0～17.0	40～60	1.2～1.4
铜仁市	16.0～17.0	40～60	1.4～1.5
兴义市	17.0～19.0	40～60	2.1～2.3
六盘水市	11.0～13.0	40～60	1.4～1.6

3.地热增温率

依据图 6.8 所示，贵州省地热增温率为 1.0～3.0℃/100m。在平面上，地热增温率呈现东西低、南北高的趋势。其中在遵义-息烽-织金往北西一线、思南-德江-印江一线、安龙-

贞丰-紫云一线地热增温率大于 3.0℃/100m；在铜仁-施秉-福泉往南东一线地热增温率小于 1.5℃/100m，各城市地热增温率见表 6.4。

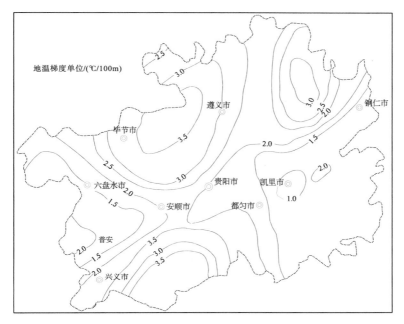

图 6.8　贵州省地温梯度等值线图

6.2　岩溶地下水浅层地热能开发利用的适宜性评价

6.2.1　适宜性分区研究

1.适宜性分区研究的意义

作为浅层地热能开发利用的首要工作，适宜性评价和分区对指导浅层地热能开发起着至关重要的作用。适宜性评价的意义主要体现在以下几个方面。

(1) 适宜性评价是指导浅层地热能开发利用的必须工作，是浅层地热能开发利用规划的基础性工作。

(2) 适宜性评价是通过区域地质、水文地质等相关因素的综合研究，对拟建设区浅层地热能开发可能性和开发效果做出判断，对热泵工程效果评价和热泵工程场地勘察有重要的指导作用。

(3) 根据国内浅层地热能开发经验，适宜性分区不仅能为资源利用提供保障，更可为开发区域地质环境提供预警，因而具有十分重要的意义。

2.适宜性分区原则

综合考虑区域地质、水文地质、地质环境条件，通过岩溶地下水浅层地热能适宜性评价，对场地地下水地源热泵工程建设的适宜性做出判断。结合贵州省岩溶区地质、水文地质及地质环境等特点，将地下水地源热泵划分为适宜区、较适宜区、不适宜区，一般具备如下特征：①适宜区单井单位涌水量大，回灌能力好，地质环境承载能力强。②较适宜区单井单位涌水量较大，回灌能力较好，地质环境承载能力较强。③不适宜区地质灾害发育，单位涌水量小，回灌能力较差，地质环境承载能力较差。

3.适宜性分区方法

适宜性评价的方法通常有层次分析法、指标法、模糊综合评判法等。《浅层地热能勘查评价规范》（DZ/T0225—2009）中规定了地下水换热方式所采用的指标法，即主要考虑含水层岩性、分布、埋深、厚度、富水性、渗透性、地下水温、水质、水位动态变化，水源地保护、地质灾害等因素，根据表 6.5 进行综合评判。

表 6.5　地下水换热方式适宜性分区

分区	单项指标				综合评判标准
	单位涌水量/ [m³/(d·m)]	单位回灌量 / 单位涌水量	地下水位年下降量/m	特殊地区	
适宜区	>500	>80%	<0.8	—	三项指标均符合
较适宜区	300～500	50%～80%	0.8～1.5	—	除适宜区和不适宜区以外的其他地区
不适宜区	<300	<50%	>1.5	重要水源地保护区、地面沉降严重区	任一项指标符合

显然，《浅层地热能勘查评价规范》（DZ/T0225—2009）中推荐的指标法在贵州特殊、复杂的岩溶环境背景下是行不通的。因此，本书在对比研究各种方法优劣的基础上，选择能较好地表达贵州省各主要城市的特殊环境地质条件和工程经济特点的层次分析法进行适宜性评价。

层次分析法是美国匹兹堡大学于 20 世纪 70 年代提出的一种系统分析方法。它将定性分析与定量分析相结合，把要解决的问题分层系列化，即根据问题的性质和要达到的目标，将问题分解为不同的组成因素，按照因素之间的相互影响和隶属关系将其分层聚类组合，形成一个递阶的、有序的层次结构模型，然后对模型中每一层次因素的相对重要性给予定量表示，利用数学方法确定每一层次全部因素相对重要性次序的权值，通过逐层比较各种关联因素的重要性来分析、决策，从而得出评价结果。层次分析法的主要步骤如下。

（1）建立系统递阶层次结构。把问题进行分解组合，建立递阶层次结构，清楚表明各层次之间的关系。

（2）建立两两比较矩阵。用 1～9 标度法对同一层元素进行两两比较后建立一个比较矩阵。

（3）构造判断矩阵。采用极比法构造判断矩阵，由变换公式（6.5）可以得到一致性判断矩阵 $\boldsymbol{C} = (c_{ij})_{n \times n}$。

$$f(r_i, r_j) = c_{ij} = \left(\frac{r_i}{r_j}\right)^{\log_r cb} \tag{6.5}$$

式中，$r = \dfrac{r_{max}}{r_{min}}$ 为极比。

(4) 按一致性检验指标 CI 进行一致性检验。CI 越小，判断矩阵的一致性就越好。

$$CI = \frac{\lambda_{max} - n}{n-1} \tag{6.6}$$

式中，λ_{max} 为最大特征值；n 为评价指标个数。

(5) 进行权重计算。在构造判断矩阵 $\boldsymbol{C} = (c_{ij})_{n \times n}$ 的基础上，利用下列公式计算权重：

$$M_i = \prod_{j=1}^{n} c_{ij} \tag{6.7}$$

$$W_i = \sqrt[n]{M_i} \tag{6.8}$$

$$\overline{W_i} = W_i \bigg/ \left(\sum_{i=1}^{n} W_i \right) \quad (i = 1, 2, \cdots, n) \tag{6.9}$$

权重越大，表明参数对适宜性分区的影响越大，对分区结果的贡献就越大。

4. 地下水地源热泵适宜性评价模型

岩溶地下水地源热泵开发的适宜性受地质、水文地质条件、水化学场、施工条件等因素影响。适宜性将充分考虑上述因素的影响程度。

1) 评价体系

(1) 评价指标选取。

评价体系综合考虑影响岩溶地下水地源热泵开发利用适宜性的浅层地热能赋存条件、开发利用条件及限制条件三大方面因素。各方面因素所包含的评价内容如下。

①浅层地热能赋存条件。包括单位涌水量和回灌能力、地下水位埋深、地下水硬度及地温场等。

·单位涌水量和回灌能力：作为以浅层地下水为介质的新型能源，单位涌水量的大小直接影响着水源热泵开发的可行性，而地下水的回灌能力是工程可持续性的关键所在。

·地下水水位埋深：地下水位的埋藏深度直接影响热泵工程资金投入及可能诱发岩溶、土洞塌陷的概率。

·地下水硬度：地下水中的钙盐是造成热泵空调系统结垢的主要成分，碳酸盐岩地下水中多含形成结垢的钙盐成分，而其结垢的多少将影响系统的正常运行。

·地温场：主要为地下水水温。浅层地热能是利用地下水提取埋藏于地表浅层的地温，所以，地下水从岩体中获取的温度高低是影响水源热泵工程效率的一个因素。

②开发利用条件。包括钻探条件、地表水体保护及地形条件。

·钻探条件：岩石的坚硬程度影响着热泵成井费用，而完整性较差的岩石则易造成钻探过程中塌孔事故的发生。

·地表水体保护：贵州省的主要城市多数大面积分布碳酸盐岩，属典型的碳酸盐岩岩溶区，区内多发育溶孔、溶洞，强烈发育的岩溶不仅为地下水的赋存和运移提供了空间，同时也为地表水体渗漏的发生制造了可能。

·地形条件：贵州省地处山区，大部分城市具有地形地貌复杂、起伏较大的特征，而地形坡度的大小决定了水源热泵工程建设的投资额和可行性。

③限制条件。包括地质灾害(岩溶塌陷、滑坡、地裂缝)及不良地形地貌。其中,岩溶塌陷指现有的和发生岩溶塌陷可能性大的区域。

(2)评价体系建立。

综合考虑选取的评价指标,建立贵州省主要城市的地下水地源热泵层次分析模型(图6.9)。

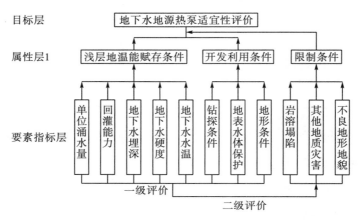

图6.9　岩溶区地下水地源热泵层次分析模型结构示意图

模型评价共分为两级。一级评价体系是对浅层地热能赋存条件及其他项进行分析,得出适宜性评价的初步结果。该体系由三层构成,从顶层至底层分别为系统目标层、属性层1、要素指标层。目标层是系统的总目标,即地下水地源热泵适宜区划分;属性层1由浅层地热能赋存条件与其他两部分构成;要素指标层由单位涌水量、回灌能力、地下水位埋深、地下水硬度、地下水水温、钻探条件、地表水体保护、地形条件、岩溶塌陷、其他地质灾害及不良地形地貌11个指标构成。

二级评价体系是在一级评价体系分区结果的基础上,叠加研究区地下水地源热泵开发利用的限制性因素,最终得出评价分区结果。

2)地下水地源热泵适宜性评价因子

(1)因子权重的确定。

层次分析法在评价体系层次隶属关系的基础上,采用 1~9 标度法分别比较属性层和要素层中各因素的相对重要性(对适宜类别划分影响越大的因素重要性越大),构建比较矩阵。通过计算,检验比较矩阵的一致性,必要时对比较矩阵进行修改,以达到可以接受的一致性,最后确定出要素层中各个要素在目标层中所占的权重(表6.6)。

表6.6　岩溶区地下水地源热泵影响因子权重表

评价因子	单位涌水量(a_1)	回灌能力(a_2)	地下水埋深(a_3)	地下水硬度(a_4)
权重	0.439	0.1605	0.068	0.0886
评价因子	地下水水温(a_5)	钻探条件(a_6)	地表水体保护(a_7)	地形条件(a_8)
权重	0.0631	0.1193	0.0177	0.0438

(2) 因子赋值。

针对贵州省特殊的水文地质、环境地质条件，并结合已有地下水地源热泵工程和国内相关研究资料，采取评判的方式对研究区地下水地源热泵开发适宜性评价的因子进行分级和赋值。各个因子赋值推荐见表 6.7～表 6.14。

①单位涌水量。参考已有地下水地源热泵工程资料，并考虑地质环境承载能力等因素。采用 10m 作为降深，单井产量达 1000m³/d，即单位涌水量为 1.15L·s⁻¹·m⁻¹ 的富水区为地下水地源热泵适宜区域；单井日产量达单位涌水量为 $0.46\sim1.15$L·s⁻¹·m⁻¹（$400\sim1000$m³/d）的富水性中等区为地下水地源热泵适宜较区域；单位涌水量小于 0.46L·s⁻¹·m⁻¹（400m³/d）的富水性贫乏为不适宜区域。地下水单位涌水量分级及属性赋值见表 6.7。

表 6.7　单位涌水量分级及赋值

单位涌水量/[L·s⁻¹·m⁻¹]	>1.15	1.15～0.46	<0.46
赋值	10	6	0

②回灌能力。贵州省多分布碳酸盐岩，往往岩溶较发育，回灌量也常大于抽水量，但其岩溶发育的极不均匀性也对回灌量的大小起着限制作用。参照《浅层地热能勘查评价规范》(DZ/T0225—2009)，对岩溶区地下水浅层地热能适宜性进行划分及属性赋值(表 6.8)。

表 6.8　回灌能力分级及赋值

单位回灌量/单位涌水量/%	>80	50～80	<50
赋值	10	6	0

③地下水位埋深。地下水水位埋深直接影响着热泵工程的资金投入，此次将参考热泵工程资金投入的多少、岩溶发育深度、第四系厚度三个因素进行分级及属性赋值(表 6.9)。

表 6.9　地下水位埋深分级及赋值

地下水水位/m	<10	10～30	>30
赋值	5	3	1

④地下水硬度。地下水硬度的大小将影响热泵系统的结垢，其结垢的多少将直接关系热泵工程后期运作好坏，参照工业用锅垢总量来衡量地下水的结构性，并进行评价分级和赋值(表 6.10)。

表 6.10　地下水结垢分级及赋值

地下水锅垢总量/H_0	<125	125～250	>250
赋值	10	6	0

⑤地下水水温。地下水一般取自于恒温带，水温恒定，其值与当地年平均气温相当。参照《水源热泵机组规范》(GB/T 19409—2003)，根据水温对热泵的适宜性，将地下水水温分为以下两类(表 6.11)。

表 6.11　地下水水温分级及赋值

地下水温度/℃	10～25	>25 或 <10
赋值	10	0

⑥钻探条件。贵州省岩溶区的地质条件均较复杂，地层岩性多样，其岩石的完整性、硬度等直接影响着工程成本(表 6.12)。

表 6.12　岩石坚硬度、完整性分级及赋值

钻进条件	好	一般	差
赋值	10	6	2

⑦地表水体保护。贵州省是多岩溶地区，其广布的碳酸盐岩多强烈发育岩溶，为尽可能减小地表水体发生渗漏的可能性，分区将以地表水体边界为起点，划分 80m 和 150m 的保护区，分区及赋值见表 6.13。

表 6.13　地表水体保护分区及赋值

适宜性项目	适宜	较适宜	不适宜
保护范围/m	>150	80～150	<80
赋值	10	6	0

⑧地形条件。考虑贵州省地形坡度的特殊性，结合《城市建设用地竖向规划规范》(CJJ83—99)将区内地形坡度进行分级及赋值(表 6.14)。

表 6.14　地形坡度分级及赋值

地形坡度/°	<10	10～25	>25
赋值	10	6	0

(3)适宜性评价。

①一级评价。

采用综合评价指数法，对评价体系中要素指标层的因子进行加权叠加，最终计算出地下水地源热泵适宜性综合评价指数 R_k。

$$R_k = \sum_{i=1}^{n} \alpha_i X_i \tag{6.9}$$

式中，R_k 为综合评价指数；α_i 为指标要素的权值；X_i 为指标要素属性赋值；n 为指标要素个数。

根据式(6.9)综合评价指数计算结果，结合各城市的实际情况，对地下水地源热泵适宜性进行评价，结果见表 6.15。

表 6.15　岩溶地下水地源热泵适宜性一级评价标准

综合评价指数/R_k	>7.0	4.8～7.0	0～4.8
适宜性评价	适宜	较适宜	不适宜

(2)二级评价。

在一级评价的基础上,叠加岩溶塌陷、滑坡、地裂缝及不良地形地貌等限制条件,得出地下水地源热泵开发利用的适宜性(表 6.16)。

表 6.16 岩溶地下水地源热泵适宜性二级评价标准

综合评价指数/R_k	>7.0	4.8~7.0	0~4.8 或限制条件
适宜性评价	适宜	较适宜	不适宜

6.2.2 地下水地源热泵适宜性分区

将各贵州省各主要城市规划区在平面上进行 1km×1km 正方形剖分,采用实测、内插及类比法对每个正方形网格进行相关评价因子赋值,从而达到调查区总体资源评价精度要求,然后利用岩溶地下水地源热泵适宜性评价模型开展评价工作。

为进一步评价较适宜区各地段适宜程度,提高资源量的计算精度,以单井涌水量为依据将较适宜区划分成两个亚区,划分标准见表 6.17。各主要城市岩溶地下水地源热泵适宜性分区见图 6.10~图 6.19。

表 6.17 贵州省岩溶地下水地源热泵较适宜亚区划分标准

较适宜亚区	较适宜 I 类亚区	较适宜 II 类亚区
10m 降深单位涌水量/(m³/d)	700~1000	400~700

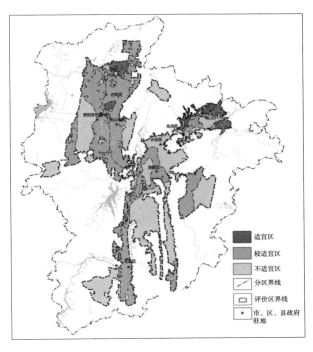

图 6.10 贵阳市地下水地源热泵适宜性分区图

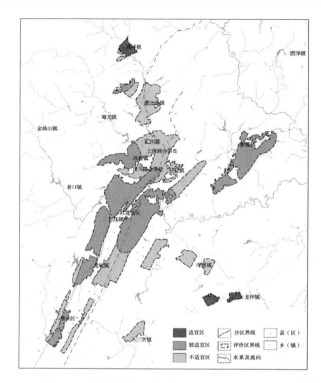

图 6.11 遵义市地下水地源热泵适宜性分区图

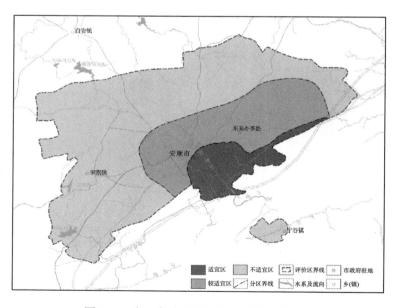

图 6.12 安顺市地下水地源热泵适宜性分区

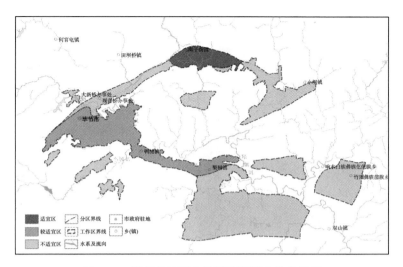

图 6.13　毕节市地下水地源热泵适宜性分区图

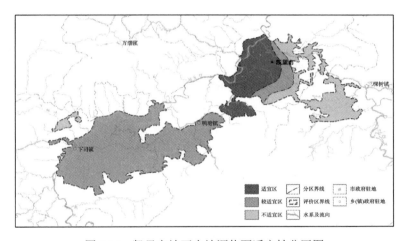

图 6.14　凯里市地下水地源热泵适宜性分区图

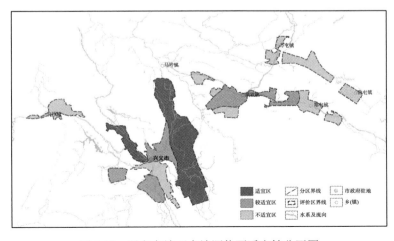

图 6.15　兴义市地下水地源热泵适宜性分区图

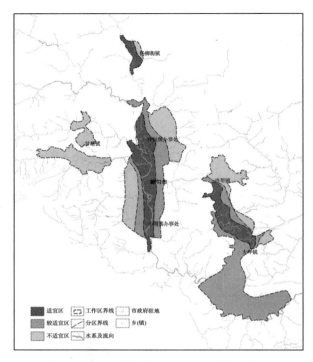

图 6.16　都匀市地下水地源热泵适宜性分区图

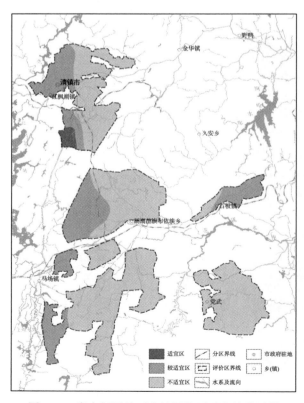

图 6.17　贵安新区地下水地源热泵适宜性分区图

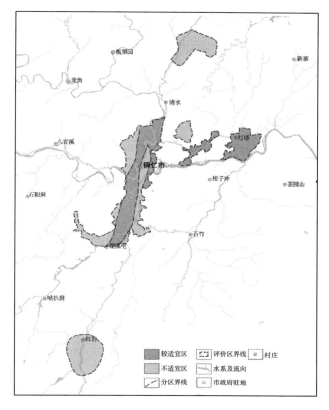

图 6.18　铜仁市地下水地源热泵适宜性分区图

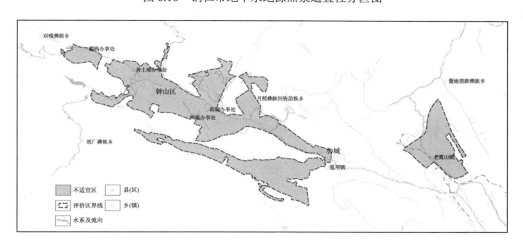

图 6.19　六盘水市地下水地源热泵适宜性分区图

根据岩溶地下水地源热泵适宜性评价模型，贵阳市共划分出适宜区、较适宜区、不适宜区三种类别，其中适宜区 4 个区块，面积 19.46km²；较适宜区分 2 个亚区共 12 个区块，面积 173.76km²；不适宜区面积 173.23km²。遵义市划分出适宜区 3 个区块，面积 4.84km²；较适宜区分 2 个亚区共 7 个区块，面积 70.57km²；不适宜区面积 33.63km²。安顺市划分

出适宜区 1 个区块，面积 13.03km²；较适宜区 1 个区块，面积 70.57km²；不适宜区面积
94.15km²。毕节市划分出适宜区 1 个区块，面积 10.69km²；较适宜区 1 个区块，面积
37.82km²；不适宜区面积 117.23km²。都匀市划分出适宜区 3 个区块，面积 29.04km²；较
适宜区分 2 个亚区共 5 个区块，面积 50.92km²；不适宜区面积 41.01km²。贵安新区划分
出适宜区 1 个区块，面积 2.17km²；较适宜区 6 个区块，面积 42.32km²；不适宜区面积
115.49km²。凯里市划分出适宜区 1 个区块，面积 21.61km²；较适宜区 2 个区块，面积
69.21km²；不适宜区面积 21.78km²。铜仁市划分出较适宜区 3 个区块，面积 14.78km²，不
适宜区面积 19.14km²。兴义市划分出适宜区 2 个区块，面积 44km²；较适宜区 5 个区块，
面积 32.54km²；不适宜区面积 40.63km²（图 6.20）。六盘水市均为不适宜区。

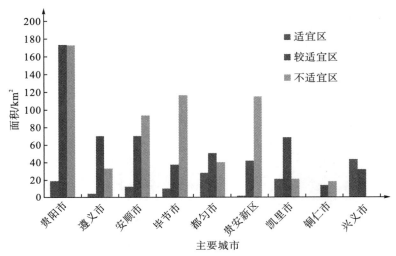

图 6.20   贵州省主要城市岩溶地下水浅层地热能适宜性面积对比柱形图

6.3   岩溶地下水浅层地热能资源评价

6.3.1   浅层地热能热容量

1.计算方法

浅层地热能热容量是指蕴藏在地表以下一定深度内岩土体、地下水和地表水中单位温
差的热量。

采用体积法计算评价区浅层地热能热容量，首先以地层单元为单位，分别计算浅层地
热能可开发范围内各单元地层的分项热储量（Q_s、Q_w、Q_a），然后以分项总和法求得评价
区浅层地热能热容量总量。

1）包气带中热容量计算

在包气带中，浅层地热能热容量包括岩土体、岩土体中所含水、岩土体中所含空气的
热容量。

$$Q_r = Q_s + Q_w + Q_a \tag{6.10}$$

$$Q_s = \rho_s C_s (1-\varphi) M d_1 \tag{6.11}$$

$$Q_w = \rho_w C_w \omega M d_1 \tag{6.12}$$

$$Q_a = \rho_a C_a (\varphi - \omega) M d_1 \tag{6.13}$$

式中，Q_r 为浅层地热能热容量$(kJ/℃)$；Q_s 为岩土体中的热容量$(kJ/℃)$；Q_w 为岩土体所含水中的热容量$(kJ/℃)$；Q_a 为岩土体中所含空气中的热容量$(kJ/℃)$；ρ_s 为岩土体密度(kg/m^3)；C_s 为岩土体骨架的比热容$[kJ/(kg \cdot ℃)]$；φ 为岩土体的孔隙率(或裂隙率)；M 为计算面积(m^2)；d_1 为包气带厚度(m)；ρ_w 为水密度$(1000kg/m^3)$；ρ_a 为空气密度$(1.29kg/m^3)$；ω 为岩土体的含水量；C_w 为水比热容$[4.18kJ/(kg \cdot ℃)]$；C_a 为空气比热容$[1.003kJ/(kg \cdot ℃)]$。

2)饱水带中浅层地热能热容量计算

饱水带浅层地热能热容量按式(6.14)计算：

$$Q_r = Q_s + Q_w \tag{6.14}$$

Q_w 的计算公式如下：

$$Q_w = \rho_w C_w \phi M d_2 \tag{6.15}$$

$$Q_s = \rho_s C_s (1-\phi) M d_2 \tag{6.16}$$

式中，d_2 为潜水面至计算下限的岩土体厚度(m)。

2.主要参数取值

(1)浅层地热能热容量计算面积。为适宜水源热泵建设面积，即评价区面积扣除不适宜浅层地热能开发区域(文物古迹用地、铁路用地、公路用地、机场用地等)的面积。

(2)浅层地热能热容量计算深度。分别计算100m、200m以浅地热能热容量。

(3)岩土体孔隙率(或裂隙率)φ。第四系土层孔隙率收集各区内岩土工程勘察成果中的土工试验成果，综合分析后取 0.5。在自然界中，岩体的空隙除岩石结构性孔隙外，尚包含节理、裂隙、溶孔、溶隙、溶洞等，因此岩体的孔隙率远大于实验岩块。研究区涉及的范围分散，且均较大，工作精度有限，岩溶区无法选择一个可概化小区域的表征单元体，根据相关书籍和文献，评价区内的孔隙率取 0.08～0.12。

(4)包气带厚度 d_1 和饱水带厚度 d_2。包气带厚度根据各城市已有水文地质钻孔资料和工程地质钻孔资料，选择平均值进行区内热容量计算。饱水带厚度为热容量计算深度减去包气带厚度值。

(5)包气带岩土体含水量。第四系土层含水量以岩土工程勘察成果中的土工试验成果确定。贵州各主要城市的基岩岩性多以碳酸盐岩为主，岩体空隙以溶洞、溶隙为主，鉴于包气带基岩空隙大多呈空洞，含水量极小，因此计算过程中未计岩体含水量。

(6)岩土体比热容和密度。岩土体比热容和密度采用试验值，或者与地层岩性相近地层进行类比。

3.计算结果

(1)根据浅层地热能热容量计算方法，分别计算各单元地层 100m 深度内包气带热容量、饱水带热容量，进而按分层总和法计算出 100m 深度内的总热容量。总热容量为 $3.633 \times 10^{14} kJ/℃$，其中，贵阳市的热容量值最大，铜仁市热容量值最小(图6.21)，这主要是受城市规划区面积影响。

（2）根据浅层地热能热容量计算方法，分别计算各单元地层 200m 深度内包气带热容量、饱水带热容量，进而按分层总和法计算出 200m 深度内的总热容量。总热容量为 6.788×10^{14}kJ/℃（表 6.18）。

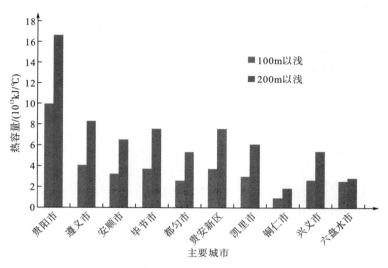

图 6.21 贵州省主要城市热容量值对比柱状图

表 6.18 贵州省主要城市岩溶地下水浅层地热能热容量计算表 （单位：10^{13}kJ/℃）

城市	热容量	
	100m 深度	200m 深度
贵阳市	9.92	16.6
遵义市	4.05	8.28
安顺市	3.23	6.52
毕节市	3.74	7.56
都匀市	2.60	5.30
贵安新区	3.73	7.53
凯里市	2.99	6.08
铜仁市	0.91	1.84
兴义市	2.63	5.34
六盘水市	2.53	2.83
合计	36.33	67.88

6.3.2 浅层地热能换热功率

换热功率是指从浅层岩土体、地下水和地表水中单位时间内交换的热量，是直接反映岩土体或水换热效果的指标。本节计算地下水地源热泵适宜区、较适宜区各个亚区单井换热功率，并根据适宜区、较适宜区亚区的建设面积等计算区域换热功率。

1）地下水地源热泵宜建面积

为地下水地源热泵适宜区、较适宜区扣除仓储、道路、地表水体后的面积。

2）单井换热功率

（1）计算式。单井换热功率计算式如下：

$$Q_h = q_w \Delta T \rho_w C_w \times 1.16 \times 10^{-5} \tag{6.17}$$

式中，Q_h 为单井换热功率（kW）；q_w 为地下水循环利用量（m³/d）；ΔT 为地下水利用温差，贵州省多属夏热冬冷地区，夏季取 10℃，冬季取 5℃；ρ_w 为水密度（1000kg/m³）；C_w 为水比热容[4.18kJ/(kg·℃)]。

（2）计算结果。适宜区单井涌水量按 1000m³/d（降深 10m 时）考虑，夏季单井换热功率为 484.88kW，冬季单井换热功率为 242.44kW。较适宜Ⅰ类亚区单位涌水量取中间值 850m³/d，夏季单井换热功率为 412.15kW，冬季单井换热功率为 206.07kW。较适宜Ⅱ类亚区单位涌水量取中间值 550m³/d，夏季单井换热功率为 266.68kW，冬季单井换热功率为 133.34kW。

3）区域换热功率计算方法

区域换热功率算式如下：

$$Q_q = Q_h \times n \times \tau \tag{6.18}$$

式中，Q_q 为评价区地下水换热功率（kW）；Q_h 为单井换热功率（kW）；n 为计算面积内可钻孔数量；τ 为土地利用率（按 70%、100%分别计算）。

4）区域换热功率计算结果

土地利用率按 100%考虑时，贵州省各主要城市地下水地源热泵建设面积的总和为 593.1km²。根据岩溶区的水文地质条件，适宜区抽水井间距取 200m×200m、较适宜区抽水井间距取 300m×300m，以此计算出适宜区和较适宜区可布置的抽水井个数，最终计算出换热功率。

由此计算出，贵州省主要城市夏季区域总换热功率为 77.8×10⁵kW，冬季区域总换热功率为 38.9×10⁵kW（表 6.19）。

表 6.19　贵州省主要城市岩溶地下水浅层地热能资源评价结果表　　　（单位：10^5kW）

城市	温度带	地下水地源热泵换热功率	
		夏季	冬季
贵阳市		51.04	25.52
遵义市		3.44	1.72
安顺市		2.57	1.29
毕节市		2.41	1.21
都匀市		5.28	2.64
贵安新区	夏热冬冷	1.51	0.75
凯里市		4.67	2.33
铜仁市		0.59	0.30
兴义市		6.29	3.14
六盘水市		0.00	0.00
合计		77.8	38.9

6.3.3 浅层地热能潜力评价

1.浅层地热能潜力分区

在地下水地源热泵换热功率计算结果的基础上,计算出不同区块的地下水浅层地热能潜力,并将其分为高、中、低三个级别。

夏季制冷潜力大于 $1.71×10^5 m^2/km^2$,冬季供暖潜力大于 $1.19×10^5 m^2/km^2$ 的为潜力高区(Ⅰ);夏季制冷潜力为 $5.40×10^4 \sim 1.71×10^5 m^2/km^2$,冬季供暖潜力为 $3.80×10^4 \sim 1.19×10^5 m^2/km^2$ 的判定为潜力中区($Ⅱ_A$);夏季制冷潜力小于 $5.40×10^4 m^2/km^2$,冬季供暖潜力小于 $3.80×10^4 m^2/km^2$ 的判定为潜力低区($Ⅱ_B$)(表6.20)。

表6.20 贵州省主要城市浅层地热能地下水地源热泵潜力分区标准

潜力级别	分区代号	区块代号	潜力标准/(m^2/km^2)	
			夏季	冬季
高	Ⅰ	$Ⅰ_1 \sim Ⅰ_4$	$>1.71×10^5$	$>1.19×10^5$
中	$Ⅱ_A$	$Ⅱ_{A1} \sim Ⅱ_{A2}$	$5.4×10^4 \sim 1.71×10^5$	$3.8×10^4 \sim 1.19×10^5$
低	$Ⅱ_B$	$Ⅱ_{B1} \sim Ⅱ_{B2}$	$<5.4×10^4$	$<3.8×10^4$

2.地下水浅层地热能潜力评价

根据贵州省主要城市的气候条件和建筑结构特征,空调负荷采用供暖期 $50W/m^2$,制冷期 $70W/m^2$,评价地下水浅层地热能潜力。

贵州省主要城市岩溶地下水地源热泵浅层地热能资源潜力总量为冬季可供暖面积 $3.2239×10^7 m^2$,夏季可制冷面积 $5.0556×10^7 m^2$(表6.21、图6.22)。各城市岩溶地下水浅层地温能潜力分区见图6.23~图6.31。

表6.21 贵州省主要城市岩溶地下水浅层地热能冬季供暖潜力统计表

城市	潜力分区	冬季			夏季		
		区域换热功率/kW	供暖潜力/(m^2/km^2)	供暖面积/m^2	区域换热功率/kW	制冷潜力/(m^2/km^2)	制冷面积/m^2
贵阳	高区	$7.03×10^4$	$1.21×10^5$	$1.41×10^6$	$1.41×10^5$	$1.73×10^5$	$2.01×10^6$
	中等区	$8.27×10^4$	$4.58×10^4$	$4.43×10^6$	$6.53×10^4$	$0.65×10^5$	$2.36×10^6$
	低区	$10.25×10^4$	$2.92×10^4$	$0.67×10^6$	$3.05×10^5$	$0.42×10^5$	$5.28×10^6$
	小计	$2.56×10^5$		$6.51×10^6$	$5.11×10^5$		$9.65×10^6$
遵义	高区	$2.89×10^4$	$1.18×10^5$	$5.77×10^5$	-	-	-
	中等区	$11.02×10^4$	$4.56×10^4$	$12.93×10^5$	$2.78×10^5$	$6.51×10^4$	$3.97×10^6$
	低区	$3.28×10^4$	$2.96×10^4$	$6.57×10^5$	$2.86×10^5$	$4.22×10^4$	$4.09×10^6$
	小计	$1.72×10^5$		$2.53×10^6$	$5.64×10^5$		$8.06×10^6$
安顺	高区	$7.88×10^4$	$1.21×10^5$	$1.58×10^6$	$1.58×10^5$	$1.73×10^5$	$2.25×10^6$
	低区	$4.97×10^4$	$2.96×10^4$	$9.95×10^5$	$9.95×10^4$	$4.23×10^4$	$1.42×10^6$
	小计	$1.29×10^5$		$2.57×10^6$	$2.58×10^5$		$3.67×10^6$

续表

城市	潜力分区	冬季			夏季		
		区域换热功率/kW	供暖潜力/(m²/km²)	供暖面积/m²	区域换热功率/kW	制冷潜力/(m²/km²)	制冷面积/m²
毕节	高区	$6.47×10^4$	$1.21×10^5$	$1.29×10^6$	$1.29×10^5$	$1.73×10^5$	$1.85×10^6$
	低区	$5.60×10^4$	$2.96×10^4$	$1.12×10^6$	$1.12×10^5$	$4.23×10^4$	$1.60×10^6$
	小计	$1.21×10^5$		$2.41×10^6$	$2.41×10^5$		$3.45×10^6$
都匀	高区	$1.76×10^5$	$1.21×10^5$	$3.52×10^6$	$3.52×10^5$	$1.73×10^5$	$5.02×10^6$
	中等区	$3.79×10^4$	$4.56×10^4$	$7.58×10^5$	$7.58×10^4$	$6.50×10^4$	$9.68×10^5$
	低区	$5.05×10^4$	$2.96×10^4$	$10.11×10^5$	$1.01×10^5$	$4.22×10^4$	$1.56×10^6$
	小计	$2.64×10^5$		$5.29×10^6$	$5.29×10^5$		$7.55×10^6$
贵安新区	高区	$1.31×10^4$	$1.21×10^5$	$2.62×10^5$	$2.62×10^4$	$1.72×10^5$	$3.74×10^5$
	低区	$6.23×10^4$	$2.94×10^4$	$1.25×10^6$	$1.25×10^5$	$4.22×10^4$	$1.50×10^6$
	小计	$7.54×10^4$		$1.51×10^6$	$1.51×10^5$		$1.87×10^6$
凯里市	高区	$1.31×10^5$	$1.21×10^5$	$2.62×10^6$	$2.62×10^5$	$1.73×10^5$	$3.74×10^6$
	低区	$1.03×10^5$	$2.96×10^4$	$2.05×10^6$	$2.05×10^5$	$4.23×10^4$	$2.93×10^6$
	小计	$2.34×10^5$		$4.67×10^6$	$4.67×10^5$		$6.67×10^6$
铜仁	中等区	$3.50×10^3$	$4.43×10^4$	$7.01×10^4$	$7.01×10^3$	$6.34×10^4$	$1.00×10^5$
	低区	$1.95×10^4$	$2.95×10^4$	$3.89×10^5$	$3.89×10^4$	$4.22×10^4$	$5.57×10^5$
	小计	$2.30×10^4$		$4.59×10^5$	$4.59×10^4$		$6.56×10^5$
兴义市	高区	$2.66×10^5$	$1.21×10^5$	$5.33×10^6$	$5.33×10^5$	$1.73×10^5$	$7.61×10^6$
	低区	$4.79×10^4$	$2.95×10^4$	$9.57×10^5$	$9.57×10^4$	$4.21×10^4$	$1.37×10^6$
	小计	$3.14×10^5$		$6.29×10^6$	$6.29×10^5$		$8.98×10^6$
合计		$1.588×10^6$		$3.2239×10^7$	$3.40×10^6$		$5.0556×10^7$

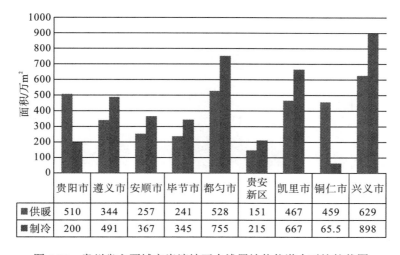

	贵阳市	遵义市	安顺市	毕节市	都匀市	贵安新区	凯里市	铜仁市	兴义市
供暖	510	344	257	241	528	151	467	459	629
制冷	200	491	367	345	755	215	667	65.5	898

图 6.22　贵州省主要城市岩溶地下水浅层地热能潜力对比柱状图

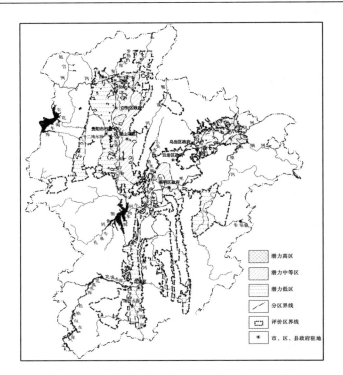

图 6.23 贵阳市地下水浅层地热能潜力评价图

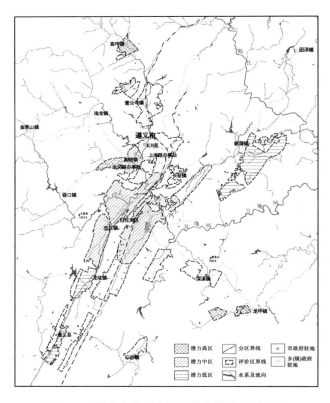

图 6.24 遵义市地下水浅层地热能潜力评价图

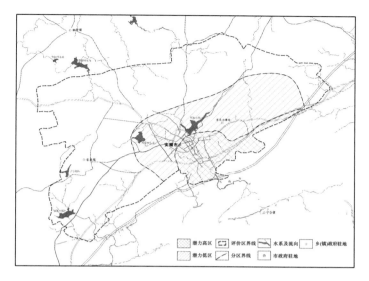

图 6.25 安顺市地下水浅层地热能潜力评价图

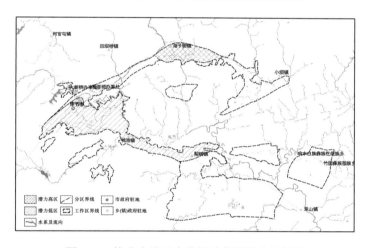

图 6.26 毕节市地下水浅层地热能潜力评价图

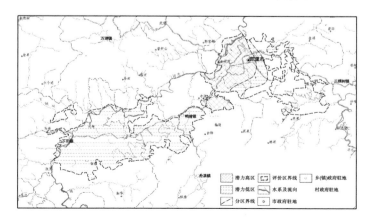

图 6.27 凯里市地下水浅层地热能潜力评价图

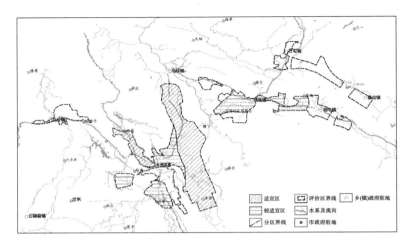

图 6.28　兴义市地下水浅层地热能潜力评价图

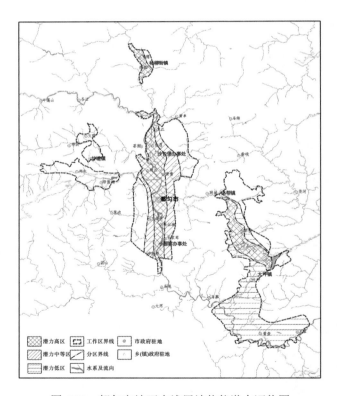

图 6.29　都匀市地下水浅层地热能潜力评价图

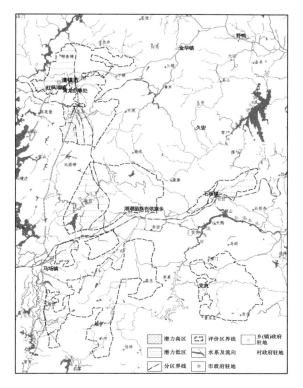

图 6.30　贵安新区地下水浅层地热能潜力评价图

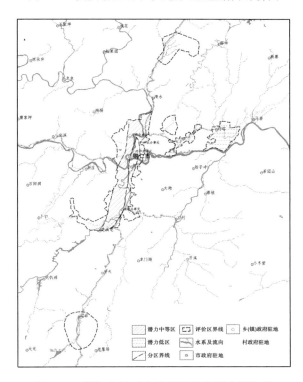

图 6.31　铜仁市地下水浅层地热能潜力评价图

6.3.4 经济与环境效益分析

实现经济和社会的可持续发展是人类所面临的重大挑战,浅层地热能的开发利用可实现节约能源、降低能耗、减少污染物排放效果,既可为转变能源结构发挥重大作用,又能提升经济增长质量,为实现社会的可持续发展提供能源保障。

我国的煤炭消费比重高,一次性能源消耗中燃煤大约占 76%,以煤为主的能源格局在短时间内难以发生很大变化。开发利用浅层地热能可以降低煤的燃烧量,减少温室气体、烟灰、碳渣的排放,对于缓解气候变暖和减少环境污染具有一定的作用。根据夏季制冷和冬季供暖换热功率,计算浅层地热能开发利用的总能量、减排量和减排后节约的环境治理费等,具体计算方法如下:

浅层地热能开发利用的总能量为

$$Q = g + h \tag{6.19}$$

式中, $g = 0.0036 \times a \times c \times d \times (1 + 1/\text{COP}_x)$; $h = 0.0036 \times b \times e \times f \times (1 + 1/\text{COP}_d)$; a 为夏季热泵系统换热功率(kW); b 为冬季热泵系统换热功率(kW); c 为热泵夏季制冷天数(取值 90 天); d 为热泵冬季供暖天数(取值 90 天); e 为夏季热泵运行小时数(取值 12h); f 为冬季热泵运行小时数(取值 12h); COP_x 为夏季热泵运行能效比系数(取值 5); COP_d 为冬季热泵运行能效比系数(取值 4)。

根据《综合能耗计算通则》(GB/T2589—2008)中的原煤折算系数,并考虑燃煤与换热效率等因素,选择转换系数 0.6(参考《关于地热利用与节煤减排的计算方法》),按浅层地热能开发利用效率 35%折算节煤量和节省的环境治理费用等。具体计算方法如下:

节约原煤量: $G = 27.90 \times Q$ (kg);

节约标准煤: $G_b = 19.93 \times Q$ (kg);

减少二氧化硫排放量: $G_{SO_2} = 0.017 G_b$ (kg);

减少氮氧化物排放量: $G_{NO_x} = 0.06 \times G_b$;

减少二氧化碳排放量: $G_{CO_2} = 2.386 \times G_b$;

减少悬浮质粉尘排放量: $G_尘 = 0.008 \times G_b$ (kg);

减少灰渣排放量: $G_{灰渣} = 0.1 \times G$ (kg)。

减排后节省的环境治理费,参照《地热资源地质勘查规范》(GB/T11615—2010)计算:

$$F = 0.2821 \times G \text{(元)}$$

根据上述方法计算所得结果如下:贵州省主要城市岩溶地下水浅层地热能开发利用的总能量为 $5.0 \times 10^8 \text{GJ/a}$(表 6.22),减排节约的环境治理费为 39.4 亿元/a(表 6.23)。节能减排的各项指标见表 6.23。

表 6.22 浅层地热能开发利用总能量计算表

城市	夏季区域换热功率/kW	冬季区域换热功率/kW	夏季总换热量/GJ	冬季总换热量/GJ	总能量/GJ
贵阳	11134068.22	7916446.36	51947108.69	23084357.59	75031466.28
遵义	7491788.62	4864373.23	34953688.99	23640853.9	58594542.89

续表

城市	夏季区域换热功率/kW	冬季区域换热功率/kW	夏季总换热量/GJ	冬季总换热量/GJ	总能量/GJ
安顺	10971000.24	6165342.34	51186298.72	29963563.77	81149862.49
毕节	7873311.35	3449604.31	36733721.43	16765076.95	53498798.38
都匀	5429673.27	4456345.51	25332683.61	21657839.18	46990522.79
贵安新区	5795030.15	4126535.98	27037292.67	20054964.86	47092257.53
凯里	5773689.42	4082231.12	26937725.36	19839643.24	46777368.6
铜仁	2295002.32	2119439.93	10707562.82	10300478.06	21008040.88
兴义	5608448.98	3957347.95	26166779.56	19232711.04	45399490.6
六盘水	3680921.9	1610403.33	17173709.22	7826560.184	25000269.4
合计	66052934	42748070	308176571	192366049	500542620

表 6.23　浅层地热能开发利用节能减排效益计算表

城市	节能减排量/t							环境治理费/万元
	原煤	标煤	二氧化硫	氮氧化物	二氧化碳	悬浮物	灰渣	
贵阳	2093377.91	1495377.12	25421.41	8972.26	3567969.82	11963.02	209337.79	59054.19
遵义	1634787.75	1167789.24	19852.42	7006.74	2786345.13	9342.31	163478.77	46117.36
安顺	2264081.16	1617316.76	27494.38	9703.90	3858917.79	12938.53	226408.12	63869.73
毕节	1492616.47	1066231.05	18125.93	6397.39	2544027.29	8529.85	149261.65	42106.71
都匀	1311035.59	936521.12	15920.86	5619.13	2234539.39	7492.17	131103.56	36984.31
贵安新区	1313873.99	938548.69	15955.33	5631.29	2239377.18	7508.39	131387.40	37064.39
凯里	1305088.58	932272.96	15848.64	5593.64	2224403.27	7458.18	130508.86	36816.55
铜仁	586124.34	418690.25	7117.73	2512.14	998994.95	3349.52	58612.43	16534.57
兴义	1266645.79	904811.85	15381.80	5428.87	2158881.07	7238.49	126664.58	35732.08
六盘水	697507.52	498255.37	8470.34	2989.53	1188837.31	3986.04	69750.75	19676.69
合计	13965139	9975814	169588.8	59854.89	23802293	79806.5	1396514	393956.6

6.4　岩溶地下水浅层地热能开发利用

1.开发利用的特点

　　能源已成为我国乃至世界经济发展的瓶颈，传统化石能源的供应需求矛盾越来越突出，甚至成为国际纠纷和现代战争的根本原因。为维护经济持续发展，世界各国纷纷将目光投向新能源的开发。我国在 2012 年颁布了《可再生能源发展"十二五"规划》，对可再生能源的开发利用进行了详细规划。在诸多可再生能源中，浅层地热能具有资源分布广泛、开发利用成本低等特点，近 10 年来浅层地热能的开发利用在我国得到迅速发展。

　　浅层地热能开发利用有以下几方面特点。

　　(1)浅层地热能是一种储量巨大的可再生资源。浅层地热能开发是借助热泵技术实现的。地源热泵是利用地球表面或浅层岩土体和水源作为冷热源，进行能量转换的供暖/制冷系统。地球浅表的岩土体、地下水、地表水是一个巨大的太阳能集热器，收集了 47% 的太阳能量，该能量是人类利用量的五百多倍。浅层地热能的能量一方面来自太阳辐射，一方面来自地球内部热量逸散，因而是一种近乎可无限开发的可再生能源。

(2) 分布广泛、便于开发。浅层地热能蕴藏于岩土体、地下水、地表水中，资源分布广泛，几乎无处不在，其开发条件优越，可被广泛利用。

(3) 开发经济效益高、节能效果显著。储存地温能的岩土体、地下水、地表水的温度一年四季相对稳定，一般为 10～25℃，冬季比环境空气温度高，夏季比环境空气温度低，是很好的热泵冷热源，这种温度特性使地源热泵的制冷/制热系数可达 3.5～5.5。与锅炉供热系统相比，锅炉供热只能将 90% 以上的电能或 70%～90% 的燃料内能转为热量。与传统的空气源热泵相比，空气源热泵的制冷、制热系数通常为 2.2～3.0，地源热泵的能量利用效率比空气源热泵高出 40% 以上。

(4) 开发环境效益显著。浅层地热能属于可再生绿色能源，可以就地取用和循环利用。浅层地热能通过热泵技术采集利用能量，在此过程中可减少二氧化碳、二氧化硫、氮氧化物和粉尘的排放，减少环境污染，效益非常显著。

2. 开发利用现状

贵州省浅层地热能开发始于 2002 年，2010 年以前主要采用地下水水源热泵。据不完全统计，截至 2014 年，贵州省已建或在建地下水浅层地热能工程 14 个（表 6.24），服务建设空调面积 18.65 万 m^2。

表 6.24　贵州省岩溶区地下水浅层地热能开发利用项目统计表

序号	项目名称	建成时间/年	建设面积/万 m^2	开发类型	备注
1	贵阳医学院附属医院	2002	1.0	地下水	使用
2	贵州广播电视大厦	2003	-	地下水	未使用
3	贵阳医学院学院部	2004	0.8	地下水	使用
4	贵州省第二人民医院	2004	-	地下水	未使用
5	贵州省地矿局 114 地质队办公楼	2008	1.2	地下水	使用
6	黔南州财政局	2008	0.8	地下水	使用
7	黔南州地税局	2008	1.0	地下水	使用
8	贵阳市金阳新区景怡苑	2009	1.5	地下水	使用
9	遵义绥阳县县政府	2009	3.0	地下水	使用
10	遵义国贸湘山大厦	2010	2.0	地下水	使用
11	遵义市烟草公司	2010	1.4	地下水	停用
12	毕节市黔西县行政中心	2010	3.2	地下水	使用
13	贵州省公安厅民警警体训练用房	2011	0.45	地下水	使用
14	贵州锦屏清江大厦-清江大酒店	2014	2.3	地下水	使用

3. 开发利用对地质环境的影响

(1) 对地下温度场的影响。地下水水源热泵系统初期运行期内，抽水井的温度变化不明显，随着系统继续运行，回灌水温度影响范围将逐渐增大，经过较长时间回灌，温度影响范围可能扩大到抽水井处,导致抽水井的温度偏离初始地下水温,产生"热贯通"现象。这种现象会导致整个系统运行效率低下甚至达不到设计要求,浪费和破坏了浅层地热能资源及环境。另外,地下水水源热泵系统运行如果打破区域热力学平衡,使地下局部温度升高或降低,将会改变既有微生物生态格局,对生态环境产生不利影响。

(2)对地下水水质的影响。地下水过量开采将会导致水位埋深加大,改变地下水原有的水动力条件,地表水向地下水的转化将不断加强,同时也给污染物的下渗、迁移、扩散创造了条件,造成地下水水质的恶化和污染。此外,回灌过程中水流会与外界空气接触,导致地下水氧化,可能会对地下水水质和含水层产生不良影响。

(3)对地质环境的影响。如果没有较高的回灌率,大量开采地下水会造成区内地下水水位持续下降,易形成地下水位降落漏斗,在岩溶地区有可能引发岩溶塌陷、地裂缝等地质灾害,从而对公共安全产生不良影响。

4.岩溶地下水浅层地热能对地质环境影响的综合防治措施

(1)微生物生长。当地的微生物可能在适宜的条件下在回灌井周围迅速繁殖,形成一层生物膜堵塞介质孔隙,从而降低了含水层的导水能力。通过去除水中的有机质或者进行预消毒杀死微生物可以防止生物膜的形成。

(2)化学沉淀。当注入水与含水层介质或地下水不相容时,可能会引起某些化学反应,这不仅可以形成化学沉淀堵塞回灌井,甚至可能因新产生的化学物质而影响水质。在碳酸盐岩地区可以通过加酸来控制水的 pH,防止化学沉淀的生成。

(3)腐蚀和水质问题。现在国内地下水地源热泵的地下水回路都不是严格意义上的密封系统,回灌过程中的回扬及水回路中产生的负压和沉砂池,都会使外界的空气与地下水接触,导致地下水氧化。地下水氧化会产生一系列的水文地质问题,如地下水化学变化、微生物变化。另外,目前国内的地下水回路材料基本上不做严格的防腐处理,地下水经过系统后,水质也会受到一定的影响。这些问题直接表现为管路系统中的管路、换热器和滤水管的生物结垢和无机物沉淀,造成系统效率的降低和井的堵塞,并对地下水水质和含水层产生不利的影响。

主要采取的防治措施包括以下几种。①除砂。地下水要经过水过滤器和除砂设备后再进入机组,目前多用旋流除砂器,也可采用预沉淀池。②软化。目前,供暖空调行业多采用软化水设备除去地下水中的钙、镁离子,降水软化达到地下水地源热泵的用水标准后再使用。③加装换热器和对管道阀门进行特殊处理,做好防腐处理。

(4)地下水水位下降。地下水地源热泵一般应采取"等量回灌"技术,避免因大量开采地下水而形成地下水位降落漏斗及因此引发的地面沉降等环境地质问题。在碳酸盐岩地区,尤其是岩溶发育地区开采地下水易引发岩溶塌陷,在岩溶发育地区应慎重建设地下水地源热泵工程。

5.其他问题

浅层地热能是绿色环保可再生资源,在全国范围内浅层地热能的开发利用已取得良好的经济效益、环境效益与社会效益。贵州省浅层地热能的开发利用工作起步较晚,无论在政策层面还是技术层面都存在较多问题需要解决。

(1)浅层地热能开发宣传力度不够。目前，就贵州省而言，社会各界对浅层地热能的资源性质、开发方式、开发效果缺乏了解。由于贵州省浅层地热能开发起步晚，已建热泵工程数量少，而且部分已建热泵(主要为地下水水源热泵)工程效果不理想，因而未引起社会关注。2013年贵州省第十二届人民代表大会提出了"五个100工程"建设规划，即重点打造100个城市综合体、100个示范小城镇、100个产业园区、100个旅游景区、100个现代高效农业示范园区。城镇化建设、产业园区建设将对贵州省浅层地热能开发带来巨大机遇。专业技术部门将积极协助政府部门做好有关浅层地热能开发利用的宣传工作，力争使贵州省浅层地热能开发工作有一个飞跃式的发展。

(2)对勘查评价工作重视不够。贵州省已建成地下水水源热泵工程14处，其中有2处不能正常使用，造成工程浪费。主要原因是未开展专门的水文地质勘查，对地下水资源量、回灌井的回灌能力缺少评价，对岩溶地区开发利用地下水可能引发的地面塌陷等环境地质问题估计不足。与其他地区比较，贵州省地层结构、水文地质条件复杂，不同地带地埋管地源热泵的适宜性和换热效果也有较明显的差异，为切实保证热泵工程效果，在加强地质研究工作基础上，应做好浅层地热能场地勘察评价工作。

(3)对系统监测重视不够。浅层地热能为绿色可再生能源，为实现资源的可持续利用，应做好地质环境、水热环境监测工作，以便评估开发强度和开发方式的合理性，并对资源环境发展趋势做出预测。贵州省目前尚未建立与浅层地热能开发利用相关的监测机制和监测系统，在以后的工作中，应向政府管理部门提出相关建议，力争早日建成贵州省地热能监测平台系统。

(4)机制障碍。目前贵州省尚未制定浅层地热能的开发利用规划，缺少政府的宏观控制和引导。下一步力争在做好社会宣传基础上，建议政府部门将浅层地热能的开发利用纳入建筑节能、节能减排管理范畴，促使政府出台鼓励浅层地热能开发的相关政策，以促进贵州省浅层地热能开发工作。

参 考 文 献

陈登齐, 洪运胜, 王伟, 等, 2008. 贵州重点岩溶流域水文地质与环境地质调查——锦江、舞阳河中下游岩溶流域[R]. 贵阳: 贵州省地质调查院.

陈登齐, 杨建华, 周亚男, 等, 2009. 贵州重点岩溶流域水文地质与环境地质调查——白甫河、野纪河岩溶流域[R]. 贵阳: 贵州省地质调查院.

陈登齐, 王万金, 易世友, 等, 2010. 贵州重点岩溶流域水文地质与环境地质调查——芙蓉江、洪渡河岩溶流域[R]. 贵阳: 贵州省地质调查院.

陈登齐, 王万金, 徐安全, 等, 2011a. 贵州重点岩溶流域水文地质与环境地质调查——麻沙河、大田河岩溶流域[R]. 贵阳: 贵州省地质调查院.

陈登齐, 洪运胜, 陈进, 等, 2011b. 贵州重点岩溶流域水文地质与环境地质调查——湘江、綦江岩溶流域[R]. 贵阳: 贵州省地质调查院.

陈宏峰, 何愿, 夏日元, 等, 2015. 岩溶水文地质学方法[M]. 北京: 科学出版社.

陈洪元, 胡兴华, 杨勇, 等, 2001. 岩溶单元流域结构与水资源开发利用模式研究——以贵州省普定后寨岩溶流域为例[J]. 中国岩溶, 20(1): 21-26.

陈娟, 郑小波, 罗宇翔, 2011. 贵州太阳能辐射及太阳能利用潜力综合评价[C]. 贵州省生态文明建设学术研讨会, 24: 112-116.

陈丽娜, 洪淑娜, 蓝俊康, 2014. 管道型岩溶地下水水资源量计算方法探讨[J]. 人民珠江, 13(2): 38-41.

陈梅铎, 1982. 也论含水地层单位的划分[J]. 水文地质工程地质, 8(3): 49-51.

陈文俊, 邱清寿, 农余朝, 等, 1989. 广西地苏地下河系[M]. 北京: 地质出版社.

陈莹, 2008. 地埋管地源热泵回填材料实验研究[D]. 北京: 中国地质大学.

丑纪范, 2003. 水循环基础研究的观念、方法、问题和可开展的工作[J]. 科技导报, 21(1): 3-6.

邓波, 陈坚, 罗红英, 等, 2011. 光伏提水技术研究与应用[J]. 中国水利, 45(16): 20-23.

段启杉, 孟凡涛, 宋小庆, 等, 2013a. 贵阳市浅层地温能开发利用现状及发展前景[J]. 地下水, 35(1): 44-58.

段启杉, 孟凡涛, 宋小庆, 等, 2013b. 贵阳市浅层地温能调查评价[R]. 贵阳: 贵州省地质矿产勘查开发局111地质大队.

段启杉, 宋小庆, 孟凡涛, 等, 2015a. 贵州省主要城市浅层地温能开发区1:5万水文地质调查报告[R]. 贵阳: 贵州省地质矿产勘查开发局111地质大队.

段启杉, 宋小庆, 孟凡涛, 等, 2015b. 贵阳市浅层地温能赋存特征与资源评价[J]. 贵州地质, 32(3): 227-232.

范高功, 2007. 岩溶地下水系统研究——以渭北东部岩溶地下水为例[D]. 西安: 西安科技大学.

高渐飞, 苏维词, 陈永华, 等, 2015. 喀斯特高原山地水资源赋存特征及其综合利用方式——以贵州省七星关区朝营小流域为例[J]. 中国水土保持, 36(9): 46-49.

郭洪宇, 2001. 区域水资源评价模型技术及其应用研究[D]. 北京: 中国农业大学.

韩行瑞, 2015. 岩溶水文地质学[M]. 北京: 科学出版社.

韩再生, 冉伟彦, 佟红兵, 等, 2007. 浅层地热能勘查评价[J]. 中国地质, 34(6): 1115-1121.

韩至钧, 金占省, 陈至文, 等, 1996. 贵州省水文地质志[M]. 北京: 地震出版社.

何青, 何耀东, 唐小花, 2015. 国内外地源热泵发展现状及趋势[J]. 供热制冷, 15(1): 56-57.

何文君, 王明章, 李勇刚, 2013. 岩溶地区浅层岩土体热物性参数测试及应用分析[J]. 贵州地质, 30(1): 71-74, 48.

胡国华, 1980. 试论含水地层单位—关于含水岩组划分问题的讨论[J]. 水文地质工程地质, 6(3): 1-5.

胡家敏, 于飞, 谷晓平, 2012. 贵州太阳能资源现状及开发利用分析[J]. 贵州气象, 36(3): 10-11, 23.

胡永宏, 贺思辉, 2008. 综合评价方法[M]. 北京: 科学出版社.

黄法苏, 杨明, 马蓉宇, 等, 2016. 贵州省 2015 年水资源公报[R]. 贵阳: 贵州省水利厅.

黄敬熙, 陈定容, 易连兴, 等, 1992. 中国南方典型岩溶地区地下水资源综合评价与管理研究[M]. 贵阳: 贵州科技出版社.

姜光辉, 郭芳, 2008. 表层岩溶泉的水资源管理与开发工程设计[J]. 水文, 28(4): 31-33.

蒋忠诚, 袁道先, 曹建华, 等, 2012. 中国岩溶碳汇潜力研究[J]. 地球学报, 33(2): 129-134.

李大军, 2008. 西南岩溶山区典型小流域水资源可利用量研究-以贵州普定后寨地下河流域为例[D]. 贵阳: 贵州大学.

蔺文静, 吴庆华, 王贵玲, 2012. 我国浅层地温能潜力评价及其环境效应分析[J]. 干旱区资源与环境, 26(3): 57-61.

龙胜实, 郑明英, 王琰, 等, 2016. 贵州省岩溶大泉及地下河分布图说明书[R]. 贵阳: 贵州省地质矿产勘查开发局 111 地质大队.

栾英波, 郑桂森, 卫万顺, 2013. 浅层地温能资源开发利用发展综述[J]. 地质与勘探, 49(2): 379-383.

倪雅茜, 2005. 枯水径流研究进展与评价[D]. 武汉: 武汉大学.

裴建国, 梁茂珍, 陈阵, 2008. 西南岩溶石山地区岩溶地下水系统划分及其主要特征值统计[J]. 中国岩溶, 27(1): 6-10.

钱开铸, 吕京京, 陈婷, 等, 2011. 基流计算方法的进展与应用[J]. 水文地质工程地质, 38(4): 20-25.

钱小鄂, 2006. 广西岩溶地下水资源及允许开采量的探讨[J]. 中国岩溶, 2001, 20(2): 111-116.

任启伟, 2006. 基于改进 SWAT 模型的西南沿溶流域水量评价方法研究[D]. 武汉: 中国地质大学.

沈照理, 刘亚光, 杨成田, 等, 1985. 水文地质学[M]. 北京: 科学出版社.

沈照理, 朱宛华, 钟佐燊, 等, 1993. 水文地球化学基础[M]. 北京: 地质出版社.

石树静, 2015. 广西罗城岩溶地下水资源量分析与评价[J]. 地下水, 37(4): 19-22.

史运良, 王腊春, 朱文孝, 等, 2005. 西南喀斯特山区水资源开发利用模式[J]. 科技导报, 23(2): 52-55.

宋小庆, 段启杉, 2015. 贵阳市土壤源浅层地温能适宜性分区及资源量评价[J]. 长江科学院报, 32(12): 14-17.

宋小庆, 2018. 贵州主要城市浅层地热能利用潜力评价[J]. 中国岩溶, 37(1): 9-16.

苏维词, 2008. 浅议贵州省岩溶地下水资源及其开发利用模式[J]. 水土保持研究, 15(6): 267-269.

苏印, 官冬杰, 苏维词, 2015. 基于 SPA 的喀斯特地区水安全评价-以贵州省为例[J]. 中国岩溶, 34(6): 560-569.

唐永香, 李嫄嫄, 俞礽安, 等, 2014. 天津滨海新区浅层地热资源评价及开发利用对策分析[J]. 地质找矿论丛, 29(4): 622-627.

王贵玲, 2014. 我国省会级城市浅层地温能调查数据潜力分析[J]. 供热制冷, 14(11): 64-66.

王贵玲, 2012. 我国主要城市浅层地温能利用潜力评价[J]. 建筑科学, 28(10): 1-3, 8.

王腊春, 史运良, 2006. 西南岩溶山区三水转化与水资源过程及合理利用[J]. 地理科学, 26(2): 173-177.

王明章, 曹玉志, 陈革平, 等, 2003. 贵州岩溶石山地区地下水资源勘查与生态环境地质调查报告[R]. 贵阳: 贵州省地质调查院.

王明章, 王伟, 巴特尔, 等, 2006a. 贵州典型地区岩溶地下水调查和地质环境整治示范——大小井岩溶流域地下水与地质环境调查[R]. 贵阳: 贵州省地质调查院.

王明章, 张林, 王伟, 等, 2015. 贵州省岩溶区地下水与地质环境[M]. 北京: 地质出版社.

王思雯, 吕士辉, 胡克, 等, 2012. 岩石特性对导热系数影响探究[J]. 实验技术与管理, 29(5): 39-41.

王团乐, 薛果夫, 陈又华, 等, 2015. 岩溶水文地质与地貌学[M]. 武汉: 中国地质大学出版社.

王宇, 袁道先, 杨世瑜, 2005. 泸西小江流域岩溶水有效开发模式[J]. 中国岩溶, 24(4): 305-311.

王宇, 2002. 西南岩溶地区岩溶水系统分类、特征及勘查评价要点[J]. 中国岩溶, 21(2): 114-119.

王宇, 2006. 云南泸西小江流域岩溶水有效开发模式研究[D]. 昆明: 昆明理工大学.

吴剑锋, 朱学愚, 钱家忠, 等, 2000. GASAPF 方法在徐州市裂隙岩溶水资源管理模型中的应用[J]. 水利学报, 31(12): 7-13.

吴义峰, 2004. 济南市岩溶地下水数值模拟研究[D]. 合肥: 合肥工业大学.

徐恒力, 万新南, 王增银, 等, 2001. 水资源开发与保护[M]. 北京: 地质出版社.

徐际鑫, 吕希斌, 徐有志, 1991. 贵州省喀斯特大泉及地下河研究报告[R]. 贵阳: 贵州地质工程勘察院.

徐伟, 2008. 中国地源热泵发展研究报告[M]. 北京: 中国建筑工业出版社.

严明疆, 张光辉, 王金哲, 等, 2007. 地下水的资源功能与易遭污染脆弱性空间关系研究[J]. 地球学报, 28(6): 585-590.

阳琴, 程群英, 俞学炜, 等, 2015. 贵阳地区住宅采暖现状及碳排放影响因素研究[J]. 煤气与热力, 35(3): 33-37.

杨丽芝, 曲万龙, 刘春华, 2013. 华北平原地下水资源功能衰退与恢复途径研究[J]. 干旱区资源与环境, 27(7): 8-16.

杨廷锋, 2016. 西南岩溶石山地区生态承载力的演变及动力机制——以贵州省为例[J]. 中国岩溶, 35(3): 332-339.

杨通江, 陈仕军, 文贤馗, 等, 2013. 贵州地区太阳能资源应用潜力分析[J]. 贵州电力技术, 16(10): 25-26, 16.

杨英, 蒋良富, 2011. 贵阳建设低碳生态文明城市的必要性分析[J]. 生态经济(学术版), 9(2): 106-109.

袁道先, 朱德浩, 翁金桃, 等, 1993. 中国岩溶学[M]. 北京: 地质出版社.

袁玉松, 马永生, 胡圣标, 等, 2006. 中国南方现今地热特征[J]. 地球物理学报, 49(4): 1118-1126.

张甫仁, 彭清元, 朱方圆, 等, 2013. 重庆主城区浅层地温能资源量评价研究[J]. 中国地质, 40(3): 974-980.

张光辉, 费宇红, 刘克岩, 等. 2004. 海河平原地下水演变与对策[M]. 北京: 科学出版社.

张国斌, 2006. 河北省地热资源分布特征、开发利用现状、存在问题与建议[J]. 中国煤田地质, 18(增刊): 25-27.

张林, 洪运胜, 刘爱昌, 等, 2006b. 贵州重点地区岩溶地下水与环境地质调查——道真向斜岩溶流域成果报告[R]. 贵阳: 贵州省地质调查院.

赵军, 戴传山, 2007. 地源热泵技术与建筑节能应用[M]. 北京: 中国建筑出版社.

赵廷华, 李西平, 徐俊峰, 2010. 水轮泵站在石山口水库的应用研究[J]. 南水北调与水科技, 8(4): 158-160.

郑爱勤, 2013. 渭河关中段地下水对河流生态基流的保障研究[D]. 西安: 西安科技大学.

郑明英, 唐娱杰, 2016. 贵州省喀斯特地下水资源开发利用条件评价图说明书[R]. 贵阳: 贵州地质工程勘察设计研究院.

中国地质调查局, 中国地质科学院岩溶地质研究所, 2006. 中国西南地区岩溶地下水资源开发与利用[M]. 北京: 地质出版社.

中国科学院地质研究所岩溶研究组, 1979. 中国岩溶研究[M]. 北京: 科学出版社.

中华人民共和国国土资源部, 2009. 浅层地温能勘查评价规范: DZ/T0225—2009[S]. 北京: 中国标准出版社.

朱海彬, 任晓冬, 李开忠, 2015. 贵州省岩溶地区表层岩溶带水资源开发利用研究[J]. 中国农村水利水电, 40(2): 60-63.

邹银先, 2012. 贵州省岩溶泉及地下河枯季测流总结报告[R]. 贵阳: 贵州省地质矿产勘查开发局.

左海凤, 武淑林, 邵景力, 等, 2007. 山丘区河川基流 BFI 程序分割方法的运用与分析——以汾河流域河岔水文站为例[J]. 水文, 27(1): 69-71.

曾肇京, 王俊英, 1996. 关于流域等级划分的探讨[J]. 水利规划与设计, 3(1): 1-5.

Ambrose, E R, 1966. Heat Pumps and Electric Heating[M]. New York: Wiley.

Ingersoll, L R, et al. , 1951. Theory of earth heat exchanger for the heat pump[J]. ASHVE Transactions, 57: 167-188.

Katsura T, et al. , 2006. Development of a design and performance prediction tool for the ground source heat pump system[J]. Apply Thermal Engineering, 26(10): 1578-1592.

Wahl K L, Wahl T L, 1995. Determining the flow of comal springs at New Braunfels, Texas[J]. Proceedings ofTexas Water, 95: 16-17.